宮竹貴久
Takahisa Miyatake

生命の不思議に挑んだ科学者たち

山川出版社

はじめに

あなたは知らない街を歩いている。色とりどりのショップが立ち並ぶ賑やかな大通りに少し疲れたあなたは横道に入ってみた。少なからず寂《さび》れてはいるのだけれど、生活の匂いのする路地裏だ。少し歩きすぎた。気がつけば太陽が傾いてきたようだ。

突如、警報サイレンが鳴った。

道の向こうから幾人かの人影が駆け足でやってくる。なにかが迫っている。それは、危険かもしれない。緊張が走る。いまおきているなにかについて、素早く情報を得ようとあなたは五感を研ぎ澄ます。ある種の興奮状態に入ったあなたの頭のなかではアドレナリンやドーパミンなどの神経伝達物質が湧き出しているはずだ。迫りくるなにかに対処しなければならない。状況を判断し、すぐに逃げる、隠れる、他者を守る、あるいは戦うかを選択しなければならない。体のなかでは、神経回路を走るドーパミンなどの物質の量が変わる。瞬時に行動を変えるためだ。血液の量や心拍数も、激しい運動に耐えるための準備を始めているだろう。

あなたの体内のあらゆる臓器に生じるこのようなメカニズムは、36億年ものあいだに、あなたへと血脈をつないできた祖先たちが獲得してきた賜物だ。そう。進化の結果、あなたに受け継がれてきた生物としての生きる本能である。あなたの体の多くの細胞は、生物進化の過程で獲得した、生存しつづけるための本能に瞬時に反応しているのだ。

何百年も前から、そんなことはわかっていた。これは生物学が長い歴史のなかで明らかにしてきた知識である。危険が迫ったときに、うまく逃げることができるヒトとそうでないヒトがいる。ぼくたちヒトにとって、生存に対する危機は日常的に迫りくるものではないかもしれない。けれども、野生に暮らす多くの生物は、毎日、生存のための競争を繰り広げている。逃げるのか、隠れるのか、それとも戦うのか。次の世代に遺伝子をつなげたものだけが、進化における真の勝者となる。生き残れるか否かには、運もあることは確かだが、日頃から用心深く暮らしているものや、圧倒的に他者に勝る能力を備えたものに、生存の女神は微笑むのである。

現代の生物学では、もちろん、さらにいろいろなことがわかっている。用心深いものとそうでないものを分けるのに、たとえば個性がある。危機に直面したときに、反撃しやすいか、逃げやすいかという個性は、たとえばその個体の体内に発現するドーパミンなどの量にもよるだろう。ドーパミンが溢れやすい闘争性の強い気質を備えた個体や、あるいはそうでない個体が、自然選択にさらされて、生き残れるかどうかが決まる。このように、それぞれの個体が体内にどのような仕組みをもつのかを明らかにしようとしてきたのが、生物学のなかでも、生理学や発生学と呼ばれてきた研究分野だ。

一方、どのような行動パターンをもつ個体が、より多く生き残って次の世代に遺伝子をつなぐ可能性が高いかを考えるのが行動学であり、それがどのような環境条件と関わりをもつのかを考えるとき、生態学の目線が必要となる。

36億年ものあいだ、地球上に存在しつづけてきた生物の進化を理解するためには、この仕組みを明らかにしようとするミクロ目線の研究と、仕組みの多様性の謎を調べようとするマクロ目線の両方の研究が必要である。太古に想いを馳せて化石を解明する考古生物学や、生物の系譜を探る系統学、日進月歩の勢いで解読される膨大なDNA情報の意味を明らかにするシステム生物学など、そのすべての知識を結集させて生物がなぜ進化してきたのかを語る学問が進化生物学であり、そのような視点でものごとを考えて研究するのが進化生物学者である。

進化生物学者は、いにしえにはなんと呼ばれていたのだろうか？

ナチュラリスト。すなわち、博物学者である。当時、生理学も生態学も遺伝学もシステム生物学もなかった。野外の生き物を含む万物の自然を観察して記録すること。それが博物学の仕事だった。では、情報にまみれ、万物が細分化されてしまった現代、博物学者は死に絶えてしまったのだろうか？

そうではない。現代のナチュラリストは、進化という大河の流れのなかで、あなたの振舞いや、姿形がどのように遺伝子を受け継いで伝えられてきたのか？　そして体内で働く細胞や臓器がどのように生き物をコントロールしているのか？　どのメカニズムをあなたに発現させるのか？　その司令塔の情報を解くための分子生物学という途方もない武器までも備えて、生命の謎に挑戦しつづけているのだ。

本書では、いくつかのトピックに絞って、生命の不思議に科学的に挑んだ人たちの経緯を紹介する。

第一章では、多様な生物がなぜ存在するのか？　そのオリジンに魅せられた科学者たちを紹介する。第二章では、メスとオスが織りなす繁殖をめぐる数々のドラマを紹介する。第三章では、誰もがいつかは経験する老いと死の問題について、進化生物学の視点から謎解きを試みる。そして第四章では、生物がどのようにして時間というものを認識しているのか、体内時計について紹介する。

本書に記述したことの多くは、生物学を学んだ者にとっては、すでに中学・高校や大学で見知った知識かもしれない。しかし、教科書には、生物の個々の現象や、仕組みの説明があるだけで、人類が不思議な生命現象をひもといてきた背景、人による研究の歴史にはほとんどふれていない。

生物学を築き上げてきた研究者たちの歴史の一端を知っていただければ、生物学にあまりなじみのない初学の方々にもわかりやすいのではないかと考えた。したがって、個々の生命現象について、専門的な記述は避けるように心がけた。取り上げたトピックの分野には偏りがあるが、それはぼくがこれまでにおもに昆虫を材料として歩んできた道のりと重なるのだ。ぼくの感じてきた「面白さ」が読者のみなさまにも伝わればと思う。

では、まず種と生の起源に魅せられた科学者たちの歴史から、進化生物学へとつながる門をあけるとしよう。

第二章
性に魅せられて

第三章 寿命の先送りに挑む

繁殖と寿命の関係

人間はもっと長寿になれるのか

第四章

体のなかの時計を追いかける

ブックデザイン　ヤマシタツトム
本文イラスト　GOKU　香取亜美
カバー写真　アフロ（カブトムシ、ライオン）
PPS通信社（オオガラパゴスフィンチ）

第一章

生と種の起源を探る

『動物誌』（紀元前345年）を書いたギリシャの偉大な哲人アリストテレスの時代には、動物は客観的に観察されていた。しかしキリスト教によって、万物をつくった絶対的な「神」という存在が生まれると、動物への興味は、いつしか神が精巧な生き物たちをつくったのだという畏怖へと変わっていった。神が生物をつくったという考えは、ある種の救いでもあった。世俗にまみれた人間は、心になんらかの罪を抱えながら生きている。しかし、神が万物をつくったのであれば、ヒトは神に祈ることで救済を求めることができるからだ。

あるとき、自然という脅威をただひたすら怖れるのではなく、自然の世界に正面から向き合い、万物を人の手で区別せんとする作業が始まった。そしてその流れのなかで、**自然選択**というアイデアが登場した。生物は自然のなかでみずから誕生し、親から子へと世代をつなぎながら地球の環境に適したものへと姿かたちを変える存在として認められるようになる。

自然選択の登場以来、生物は世代を超えて変化しつづける存在だということが白昼にさらされた。けれども、そう考えると次々と新しい疑問が生じてきた。いつ生物は誕生したのか？　なぜ生物はかくも多様なのか？　なぜ異なる環境のもとでは、異なった姿かたちをした生き物が暮らしているのか？

こうした生命の多様性と、それを維持する仕組みの謎に魅せられて、生涯をその探求にささげた数多の研究者たちがいた。そのキーメンたちを本章では紹介したい。

創造主の否定

——分類学の父——

生命の不思議に対する関心は、生き物を認知して分けるという作業から始まった。1700年代のことであり、時はまさに「博物学と神学の時代」、地球に棲むすべての生物は、神によってこの世に誕生したと信じられていた。当時の科学者が挑戦すべき課題は、神がこの世につくった秩序の意図を理解することで、そのためには、万物を体系立てて分けていくという作業が必要だった。

この作業に生涯をささげたのが、スウェーデンが生んだ博物学者カール・フォン・リンネ（1707〜1778）である。

リンネは動植物の分類学者としてその名を残しているが、植物と動物だけでなく、鉱物や薬や病気までをも分類している。それが博物学というものだった。自然界に存在を許された万物を集めて、記録し、分類するという作業に生涯を費やしたということができる。

リンネの名が現代の生物学に深く刻まれることになった理由は、生物を分ける流儀を世の中に広めたことによる。それは1735年にリンネが書いた『自然の体系』という本に解説されている。当時、すでに発案されていた**二名法**という手法に乗っ取って、リンネは動物と植物と鉱物をひたすら分けていった。この手法は現代もなおつかわれており、生物を分ける際の礎となっている。リンネの分類の思想は、基本的には自然の産物を植物界と動物界と鉱物界の3つに大きく分けたアリストテレスの考え方にしたがうものだ。

「二名法」とは、ある生物の種類を2つのラテン語で表すやり方である。たとえば、ぼくたちヒトはホモ・サピエンスと呼ばれるが、ホモとサピエンスの2つの言葉で人間を表しているのだ。すべての分類の礎になるものとして、これがこの生物だと定める基準となる標本が世界のどこかの博物館に存在するという事実がある。いまでも分類学者は、新しい種だと認識できる生物に出会ったとき、この基準となる標本が保管されている世界中の博物館に出向いていくか、その標本を借りるかして、新しい生物がすでに存在する基準とくらべてどう違うかという事実を書かなければ新種として発表することができない、ということになっている。この基準となる標本はホロタイプと呼ばれ、新しい種として発表するには、ホロタイプ標本を決めて、どこに保存するかを書いておかなければならない。その種と思われる個体が多数みつかっている場合には、それらをパラタイプ標本などと名づけ、ホロタイプ標本と同様に保存することができる。そうしておけばあとでほかの人がタイプ標本とみくらべるときに、融通が利いて便利なのである。

ただし、生物のなかには基準となるホロタイプがないこともある。たとえば、ヒトにはそのような標本が存在しない。ホモ・サピエンスの場合、サピエンスが現代に生きるヒトの種としての名前で、ホモは属名である。かつて、ホモと呼ばれる現代人の祖先に似た仲間たちが何種類も存在したことがいまではわかっている。ホモ・エレクトゥスとかホモ・ネアンデルターレンシスがサピエンスの仲間で、彼らはどうやら同時期に共存していたというのが、現代の古生物学の見解である。そのなかで、現代まで生き残ったのが、ホモ・サピエンスと名づけられたぼくたちだ。

ぼくたちが知るすべての生物は、この二名法で名づけられている。ちなみに、分類の決まりでは、種名のあとに、その種を決めた人の名字が付記されるが、リンネが名づけた生物は〝L.〟のみでよいとされている。

リンネはスウェーデン南部の小さな町に生まれた。その生涯に、白夜で知られる故国の北部ラップランドをはじめ、北欧からロシアにかけて5度以上も長期間の旅をしながら、多くの植物や動物や鉱物を採集して記録した。その地に暮らす民の暮らしぶりも記録している。リンネは、調査旅行や植物の観察のために資金を提供してもらう、いわゆるパトロンをみつける術にも長けていたと考えられる。実に幅広い人脈から資金を調達し、最初に学んだルンド大学や、その後、教授として職についたウプサラ大学の博物館の標本や文献を自由につかう権利を得て、研究に打ち込んでいる。その人脈は、スウェーデンの王家にもつながっていて、スケールの大きさがうかがえる。リンネは、学位を得るために留学したオランダのライデン大学でも、植物の自然史についての本を書くための人脈づくりに余念がなかったようだ。そしてオランダでは魚の分類の本まで刊行している。

リンネは、生涯に多くの弟子をもった。17名の弟子たちは、北欧を離れユーラシア大陸、中東、オセアニア、アフリカ、南アメリカ大陸にまで出かけた。リンネの教えにしたがって、彼らは世界に分布する動植物の標本をつくり、それに名前をつけていった。不運にも彼らの多くは、調査の地でその生涯を終えている。まことに忠実な使徒と呼べるだろう。

リンネの集めた標本や原稿の多くは、彼の妻と娘たちによって売られてしまった。しかし、1828年にロンドンを拠点とするリンネ学会（リンネアン・ソサエティー）が所有するところとなった。この協会はいまもロンドンにあり、自然誌に関する学術雑誌を発行しつづけている。ウプサラにあるリンネ植物園だけでなく、現代にもリンネは随所にその名前を残している。

――進化学の父――

自然現象は、一見、複雑でややこしそうである。だが、そんな現象の根底には単純で普遍的な原理のあることが多い。その原理を一目でわかる式で表そうとするのが数学であり物理学だ。解となった数式はとても簡素だ。たとえばニュートンやアインシュタインの考えた理論は3つよりも少ない記号によって表されている。実にシンプルで美しい。

ところが、ぼくたちのまわりにある自然や動植物たちは様々な顔をみせる。生物多様性である。違う大陸や島に行けば、そこにはまったく違う生物たちが住んでいる。しかし、生物学においても科学者の思考の基本はシンプル・イズ・ベストであることに変わりはない。かくも多様性に満ちた複雑な生物たちを、多くの科学者たちはシンプルな原理によって理解したいと願った。

リンネのあと、長いあいだ誰も疑うことの叶わなかった、神によって体系立てられた自然界の秩序の崩れ去るときがきた。

自然選択の登場だ。自然選択というアイデアを世に送り出したのは、チャールズ・ロバート・ダーウィン（1809〜1882）だったが、ダーウィン以前の1700年代後半には、すでに神が生物をつくったという畏怖は、科学者のあいだでは失われつつあった。神の手によることなく生物がこの世に出現し、そして変化しつづけているのではないかと、当時の科学界ではすでに話題となっていたのだ。

時間軸に沿って変わりつづけるものとして生命を捉えた最初の科学者は、フランスの貴族であったジョルジュ＝ルイ・ルクレール・ド・ビュフォン（1707〜1788）である。

その後、フランスの動物学者ジャン・シュヴァリエ・ド・ラマルク（1744〜1829）は、1809年に出版した『動物哲学』のなかで、生物がその一生を生きるうちに獲得した性質は子孫に伝わる、というまでは**獲得形質の遺伝**と呼ばれる説を提案していた。「獲得形質の遺伝」は、後にドイツの動物学者アウグスト・ヴァイスマン（1834〜1914）によって、数世代にわたって切りつづけたネズミの尾は、何世代もあとの子孫になっても短くはならなかった、という有名な実験によって否定された（最近になって、獲得した形質がDNAレベルで遺伝メカニズムに影響を及ぼす可能性について検討されており、それはエピジェネティクスと呼ばれる研究領域として発展している）。

そもそもチャールズ・ダーウィンの祖父であるエラズマス・ダーウィン（1731〜1802）も、その著書『ズーノミア』のなかで生物が進化するというアイデアを先駆けて語っている。ただ当時語られたのは、単なるアイデアであった。宗教的な世界観のなかで、アイデアが語られるだけでは、科学と宗教のあいだに激しい論争はおきなかった。肝心なことは、この時代にすでに、神が万物をつくったという畏怖をぬぐい去る雰囲気がすでに育まれつつあった、ということだ。誰かが、それを一般の人々の目からみても納得できるかたちで、世に提案できる土壌は整っていたのだ。

そこに、確たる事実に基づいて「生物は長い年月をかけて、自然という選択の目にさらされながら、徐々に姿かたちを変えていく」という説を広く世間に公表したのが、エラズマス・ダーウィンの孫であるチャールズ・ダーウィンだ。

医者であった大柄な父ロバート・ウェアリング・ダーウィン（1766〜1848）の次男としてこの世に生まれたチャールズ・ダーウィンは、裕福な家庭に育ち、父の勧めもあって医者になるべく兄の通うエジンバラ大学に進学した。しかし、当時の医療手術の大変さから医者になることを断念し、ケンブリッジ大学で神学を学びなおした。牧師になって生計をたてるためだった。

ダーウィンが得た一番の財産は、何人かの自然誌の研究者と交流をもてたことだろう。エジンバラでは発生学のロバート・エドモンド・グラント教授（1793〜1874）、ケンブリッジでは植物学のジョン・スティーブンス・ヘンズロー教授（1796〜1861）、地質学のアダム・セジウィック教授（1785〜1873）をはじめ多くの知識人と友人として交流を深めた。そしてイギリスの自然のなかを旅しながら、友人たちと自然界について話し合った。牧歌的な野原の広がるケンブリッジの郊外で昆虫採集に明け暮れて、甲虫《こうちゅう》の分類学に手を染めた日々も、自然をみる目を養うのに役立った。

その後、ダーウィンは歴史の舞台に彼の名前を残す決定的な旅の機会にめぐり会う。ビーグル号での航海だ。ビーグル号は1831年12月27日に出航して、南米、ガラパゴス、タヒチ、オーストラリアとニュージーランド、インド洋、そしてケープタウンをめぐり、1836年10月2日にイギリス南西部の港町に寄港した。こう書くと、いともすんなりと世界を一周したかのように思えてしまうが、ビーグル号の狭い船室で閉所恐怖症に襲われたり、船酔いにもおおいに悩まされながらの航海だった。チャールズ・ダーウィンは、ビーグル号での航海中に、当時としては画期的な地誌を著したチャールズ・ライエル（1797〜1875）の『地質学原理』を読んだ。この本には世界の地層がゆっくりと動いて現在の陸地をかたちづくっていることが書かれていた。そして、航海のあいだに目《ま》の当たりにした火山灰によって地層が積み重なっていったと思われる様子(地層)の移り変わりとあいまって、世界の地盤は長い年月を経て実際に動いているという確信をダーウィンに抱かせた。ライエルはロンドン大学の教授であり、後にダーウィンの親友となる。その時代に刊行されたトマス・ロバート・マルサス（1766〜1834）の『人口論』も、ダーウィンの考えに影響を及ぼした。マルサスによると人口は増えつづけ、密集すると生存のために競争がおこり、強いものが生き残る。ダーウィンは、人口だけではなく、生物の集団一般にその考えが当てはまると考えていた。

ダーウィンが自然選択の原理を確信し、生物の種がどのようにして生じるのかを思いついたのは1838年の9月28日で、彼はそれを自分の考えを書き綴っていた進化に関するノートに記している。

──ビーグルからダウンの地へ──

生物は子どもを産み、その数をどんどんと増やす。そうするとなにが生じるだろうか？　限られた場所にあまりにも多くの子孫が誕生すると、生存をめぐる競争が生じざるをえない。そのときにどのような性質をもつ個体がより生き残ることができるだろうか？　時代とともに移りゆく環境により適したものが生き残るとすれば、ダーウィンは万物の存在について無理なく考えることができるように思えた。神の創造物でなくとも無理のない説明が可能となったのだ。もし神が生物をつくったのだとしたら、生物の姿形はあまりにもバラエティに富んでいるように思えた。南米の海岸線をつたって航海を続けると、その土地土地の生物には連続した姿形のばらつきがみられた。あらゆる種類の生物には、少しずつ容姿の異なる個体が存在していた。誰かが生物をつくったのならば、そのような無駄をするだろうか？工業製品の品質管理において同じ生産物をつくるのが効率的なように、創造主がいるとすればつじつまが合わないのではないか。

環境に適したものが生き残ると考えるにあたり、ダーウィンが、変化するということが生物の本質であって、生物の性質がより進んだものになるとは考えていないことは大事なポイントである。長い年月をかければ、生物の性質の変化は大きなものとなるだろう。

故郷のイギリスにもどったダーウィンは、ジャスパー・ブルー色で有名な英国陶磁器で名を馳せたウェッジウッド家のエマ・ウェッジウッド（1808〜1896）と結婚するまでのあいだをロンドンで過ごし、学会の要職をこなしながら『ビーグル号航海記』（1839年）を書いた（学会の仕事をこなしたのは、研究資金を得るためでもあった）。洋上から祖国に郵送した鳥や植物や昆虫などの多くの標本について、何人もの生物学者と意見を交わしたりもした。ロンドンを拠点とするリンネ学会にも接触している。

結婚してロンドン郊外の静かな田舎町ダウン（現在はロンドンからバスで1時間ほどだが、当時は馬車で行った）に移り住んだダーウィンは、ハトや犬のブリーダーたちとの親交も深めた。また書斎から歩いて数分の場所には、花を栽培する温室をつくった。温室は腰の高さあたりまでは煉瓦を積み上げ、その上はガラスで組み立てられており、そのなかでダーウィンはいろいろなランを育てた。そしてランの品種が人の手によって「育種」（遺伝的に改良すること）されていく様子を確かめた。家畜や園芸植物の品種にみられる多様な姿かたちもよくよく観察してみた。ダーウィンは、ガラパゴス諸島や南米でみた多様な生物たちが神の手によってではなく、自然にかたちづくられる仕組みについて、ゆっくりと、そして丁寧に考えなおしてみたのだ。晦冥《かいめい》からふつふつと湧き出る疑問のなかに、強い一筋の光明があった。生物のある特徴を選んで交配した結果、短い期間に世代を経てこんなに多様なかたちの品種をつくることができるのならば、はるかなる年月をかけて自然が選ぶ生物はどれほど多様になるのだろうか！

―『種の起源』誕生する―

地域のものごとの相談にのったりするボランティアのような仕事をしながら、ダーウィンは書斎で精力的に執筆した。父ロバートからの遺産を得ることによって、財政的にひっ迫することがなかったという点も、ダーウィンをして『種の起源』をはじめとする大著を書くことを許した大きなポイントだといえる。白い漆喰と3つの煙突のある灰色の屋根に覆われた3階建ての彼の終《つい》の棲家はダウン・ハウスと呼ばれ、いまではイギリス歴史財団によって保存されている。

晴れた日の午後には、水色の空にその漆喰の白色に黒っぽい屋根の色のコントラストはよく映えた。そして庭を囲むように配置された緑の木々と、庭に敷き詰められた芝生の緑は、黄土色の砂利と相まってゆったりとした時間を感じさせた。背景にみえる緑色のなだらかな丘陵地形のなかに、ダウン・ハウスはまるで進化の源を考えるためだけに設定された場所のように、牧歌的に佇《たたず》んでいた。ダーウィンの書斎はハウスの1階にあり、つかい古した大きな椅子と執筆用の机、机の上には本棚と手紙差しがおかれていた。彼の集めた標本や各地から送られてくる標本を観察するために、顕微鏡を載せた大きな机が暖炉のかたわらで暖められていた。書斎の斜め向かいの居間には、妻のエマが弾くピアノがあり、書斎の隣にはビリ

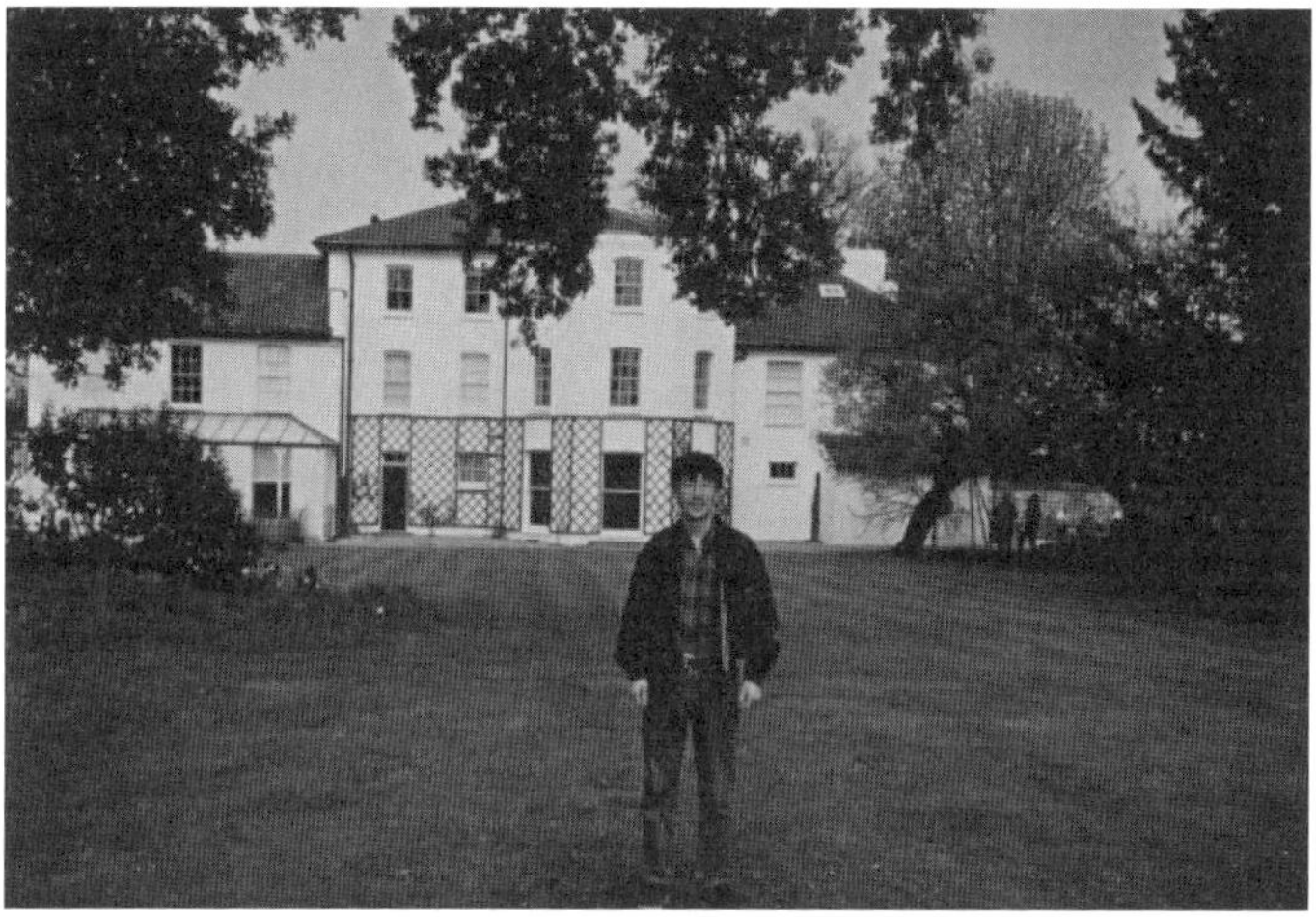

内部を見学することもできるダウン・ハウス

ヤードを楽しむ部屋もあった。

ガラパゴス諸島でみたゾウガメやフィンチをはじめとする様々な生物が、神の手ではなく、自らの力で、長い年月をかけて自然に多様性をつくりだしてきた、という考えを十分に納得させられるだけの証拠はすでにそろっていた。証拠に沿って自然選択の説をまとめあげることを、彼はライフワークとした。書斎の外に出れば、そこは生命の源を探るための実験場のようでもあった。

新たに研究材料として選んだフジツボも、生物が示す連続的な変異（形質のばらつき）を、再びダーウィンにみせつけることになった。フジツボの研究に、ダーウィンは実に5、6年近くの歳月を費やしている。彼の書斎はフジツボや鉱石や植物で溢れていた。

ダウン・ハウスの書斎を出て、歩いて10分ほどのところに、背の高い木々のあいだに白い砂を敷き詰めた散歩道（サンドウォークと呼ばれる）もつくった。この道を歩きながら、航海の途中で出会った生き物たちの生い立ちを考えては、書斎にもどって大作を完成させようとする日々が続いた（ちなみにぼくもサンドウォークを歩いてみたことがある。進化に関するアイデアが浮かばないかなと考えたからだ。ところが、悲しいことに進化についてのなにを考えようかと思案しているうちに、散歩道を歩ききってしまった）。ダーウィンがダウン・ハウスで『種の起源』の執筆を考えていた頃、日本はといえば、ペリー提督の率いるアメリカ艦隊が浦賀に現れ、黒船の出現に人々が怯えた江戸時代の末期である。


後述するように、ダーウィンの種に関する創作活動は、ある人物の登場によって大きな変更を迫られることとなった。その人物は、ダウン・ハウスからはるか離れたインドネシアにいて、来る日も来る日も昆虫を採集していた。

ダーウィンを激しく混乱させ、そして後にダーウィンのよき理解者となった博物学者ウォレスの登場である。

さて、その前に、種の起源において変化をともなう由来とされている、いわゆる自然選択とはどのような仕組みなのか、考えてみよう。

——進化のしくみと自然選択——

ここでダーウィンが示した自然選択説について図解しておこう。いま、ある場所に「ふとっちょ」と「やせっぽち」という2つのタイプの生き物がいたとしよう（図1）。これはぼくの頭のなかに棲む架空の生物だ。だが、生物が進化するとき、鍵となるいくつかのキーワードを「ふとっちょ」と「やせっぽち」という変異は、簡単に説明してくれる。

「ふとっちょ」は、そのふくよかな体から察するにたくさんの卵を産むことができると誰しも想像いただけるだろう。え、こいつら卵を産むのか、節足動物なのか、そういう疑問はなしだ。あくまでも空想の生き物だ。そして「ふとっちょ」は足が短い。だから早く走ることは無理だろうということも容易に想像できる。この時点で、あなたはすでに生物の進化について、とても重要な概念を学んでいる。**二律背反**と呼ばれるトレードオフの考え方だ。

ひとつの生き物がもてる資源の量は限られている。「ふとっちょ」は、資源を繁殖に投資したため、足を長くすることができなかった。これとは違って、「やせっぽち」は、足を長く伸ばすことに資源を投資した。これなら敵がやってきたときに、いち早く逃げることができるだろう。

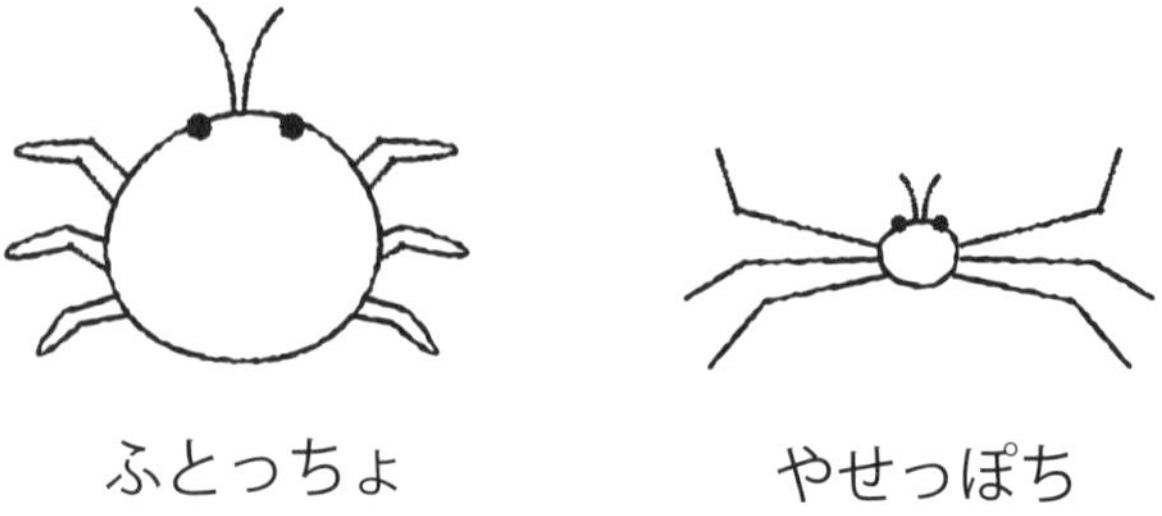

図1　「ふとっちょ」と「やせっぽち」という2つのタイプの生き物

いま、この場所には捕食者がいないとする。すると次の世代にどれだけ子どもを残せるかは、「ふとっちょ」と「やせっぽち」がどれだけ子どもをつくることができるかのみによる。たとえば、1匹の「ふとっちょ」は150個の卵を産むことができて、1匹の「やせっぽち」は100個の卵しか産めないとしよう。図3では100個や150個の卵が、塊で産まれることになっている。仮にこの場所には「ふとっちょ」と「やせっぽち」がともに10匹ずついたとする。捕食者のいない世界では、子どもの世代に1500匹の「ふとっちょ」と1000匹の「やせっぽち」が生きていることになる。親の世代では1対1だった「ふとっちょ」と「やせっぽち」の比率は、子ども世代では1.5対1となり、集団中に占める2つのタイプの割合は大きく変わる。「やせっぽち」は「やせっぽち」の子どもを、「ふとっちょ」は「ふとっちょ」の子どもを産むならば――つまり**遺伝**するなら――世代を経て、ある集団のなかの遺伝子型（この場合「ふとっちょ」と「やせっぽち」）の頻度に変化が生じたことになり、現代の生物学ではこれ「**進化**」と呼ぶ。

だが、世界は敵に満ちている。捕食者や寄生者のいない世界はない。「ふとっちょ」と「やせっぽち」が棲む場所にも捕食者が現れたとする（図2）。魚のような捕食者なので、「ふとっちょ」と「やせっぽち」は海に棲む生物だったのか！　という点は、いまツッコミを入れるところではない。魚のような捕食者もぼくの頭のなかに棲む空想の生き物だ。

捕食者が現れると事態が急変するのがポイントだ。「状況が変わる」のだ。

卵をたくさん産めるように体の膨《ふく》らんだ「ふとっちょ」は、当然、逃げ遅れて食べられてしまう。「ふとっちょ」は5匹しか大人にまで成長できない。半分は食べられてしまった。他方、足の長い「やせっぽち」は逃げるのが上手だ。運悪く2匹は食べられてしまったが、それでも8匹は逃げおおせた。捕食者が現れると、「やせっぽち」の生存率は「ふとっちょ」にくらべてとても高くなるのだ。これが**選択**（適者が生存すること）である。

進化において肝心なのは、大人になるまで生き延びることができる、ということだけでは

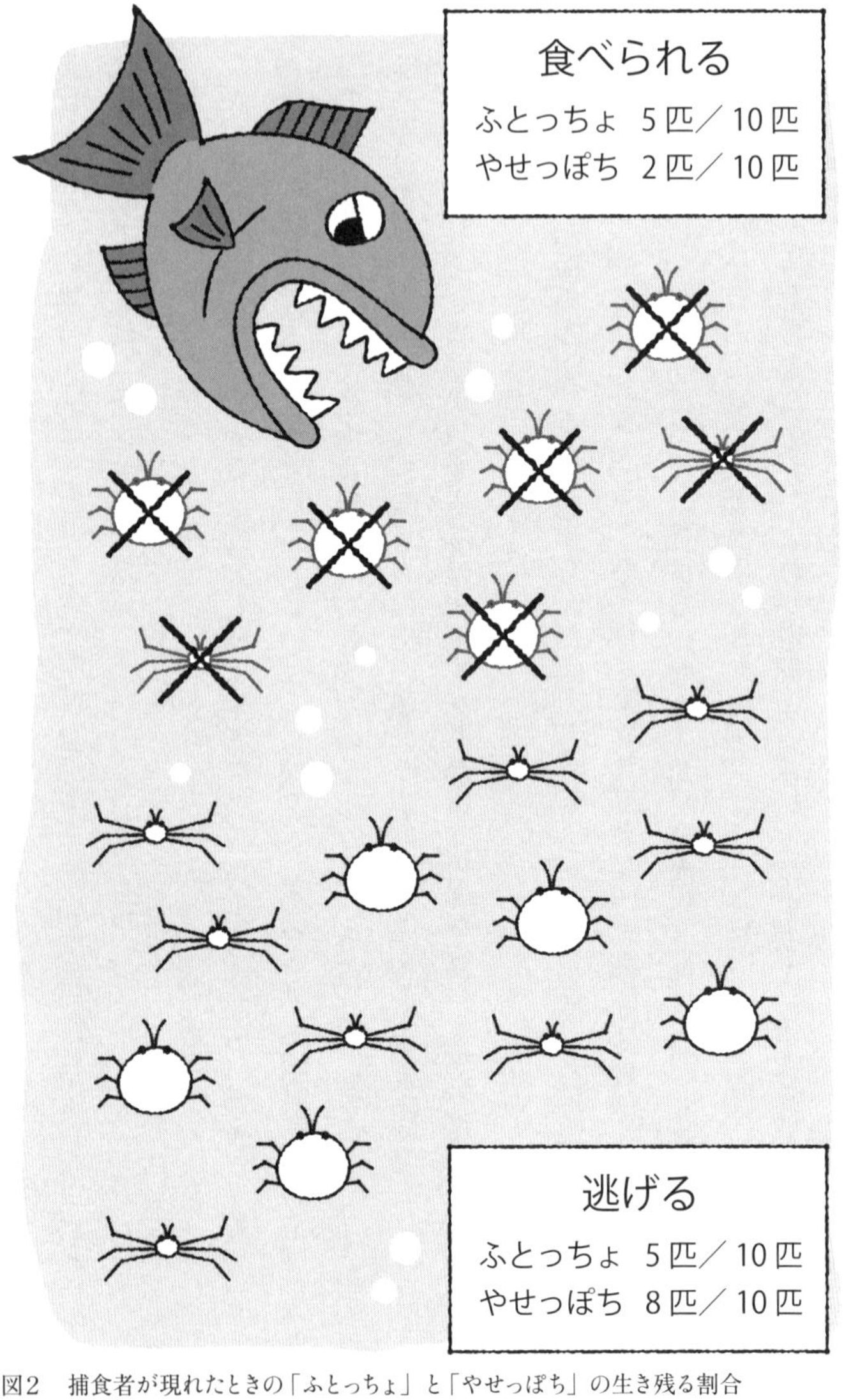

図2　捕食者が現れたときの「ふとっちょ」と「やせっぽち」の生き残る割合

ない。大人にまで成長できる子どもを何匹残せるのかが重要だ。1匹の「ふとっちょ」は150個の卵を産み、1匹の「やせっぽち」は100個の卵を産むことを思い出していただきたい。次の世代にどれだけ子どもを残せるのかは、**適応度**という指数でくらべることができる（図3）。いま、5割が食われることなく逃げおおせた「ふとっちょ」の適応度は、0.5×150個で75となる。8割が生き残った「やせっぽち」は、0.8×100個で80となる。つまり捕食者がいる状況では、「やせっぽち」の遺伝子が「ふとっちょ」より多く生き残ることができて、集団に占めるその頻度を増やしていける。このとき「やせっぽち」がより進化において適応的であるという。

これを専門用語に置き換えて繰り返して説明してみよう。自然選択が生じるために必要な条件は3つである。

①変異：生物の形質は個体によって違いがある。ここでは「ふとっちょ」と「やせっぽち」という違うタイプの個体がいる。

②選択：その違いによって生存率や繁殖力が異なり、次世代に残せる子どもの数が変わる。ここでは「やせっぽち」のほうが「ふとっちょ」よりも多くの子孫を残せる。そのため親の世代では同じだった両者の頻度は、子の世代では「やせっぽち」のほうが「ふとっちょ」よ

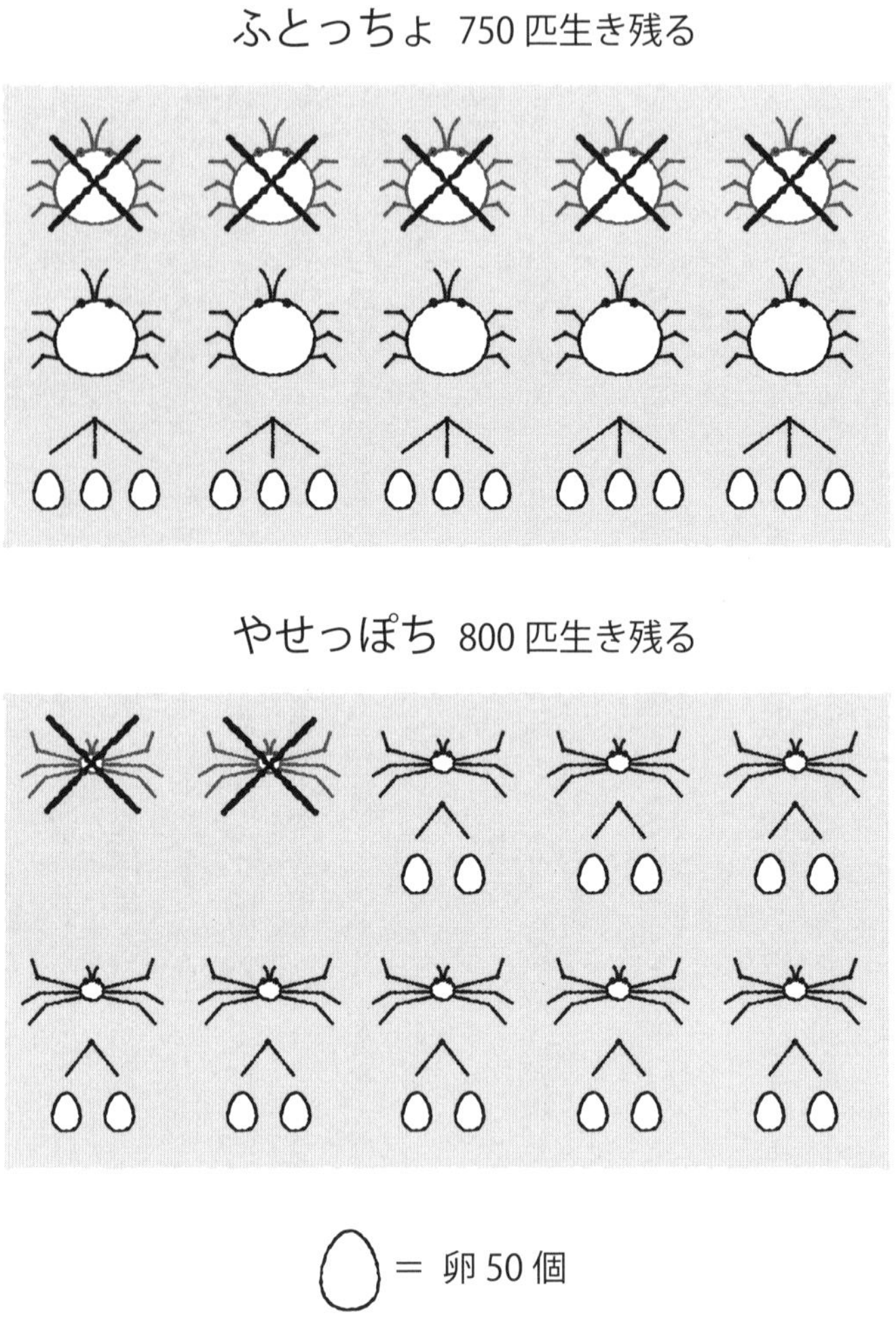

図3 「ふとっちょ」と「やせっぽち」の適応度

りも増えることになる。

③遺伝：その形質の少なくとも一部は遺伝する。ここでは「やせっぽち」の親から生まれる子は「やせっぽち」で、「ふとっちょ」の子はやはり「ふとっちょ」であればよい。

この3つの条件がそろえば、自然はその環境に適した形質を機械的に選択してゆく。「ふとっちょ」と「やせっぽち」の場合には、捕食者がいる場所では「やせっぽち」のほうが、捕食者のいない場所では当然「ふとっちょ」のほうが進化する、つまり子どもの世代でより多くの遺伝子を残せるのだ。もちろん、この図式は自然界をきわめて単純にしたもので、一シーンのみを記録しているにすぎない。

少し考えてみればわかることだが、野外で「ふとっちょ」や「やせっぽち」が対処しなければならないのは、もちろん1匹の捕食魚だけではない。捕食者の種類はたくさんある。捕食者のほかに病原菌やパラサイト（寄生）による攻撃にも対処しなければならない。水温や湿度などといった環境の変化によっても、どちらのタイプがより多くの子どもを残せるかは変わってくる。たとえば寒さに対してどちらのタイプが強いかは想像しやすい例だろう。さらにこの図では交配の問題を無視している。第二章で語るように、もし彼らがメスとオスという「性」をもつ生き物ならば、せっかく成体にまで生き延びることができたとしても、配偶者と出会って受精をしなければ子どもを残せない。世の中でぼくらがふつうに出会う生物は、多くの場合、性をもっている。

けれども、基本はこの3つの原理で自然選択による進化は理解できるというところがポイントだ。

――もう一人のダーウィン――

さて、ダーウィンの時代に再び時を遡ってみよう。ダーウィンは自然選択によって生物が長い時間をかけて変化してゆく仕組みを1844年には完成させていた。しかし、彼はそれを公表するのを恐れた。その当時、生物は神によってつくられたものではなく、自然のなかから生じたという論説が出版され、それに対する世間の風当たりがダーウィンの想像していた以上に大きなものだったからだ。彼が自らの考え、つまり神の創造などなかったという進化の考えを十分な証拠とともに公表したらどうなるだろうか？　神学を学び、牧師でもあったダーウィンは、「悪魔の衣を羽織った牧師」と人から攻撃されるだろうと友人のフッカーにあてて手紙を書いている。この懸念をなかなか払拭できずに、彼はダウンの地で過ごしていた。

そして自らの進化の考えを公表することを先送りにして、もっと確固たるデータをそろえるため、ダウンの田舎町でフジツボの研究に打ち込んでいたダーウィンのもとに、衝撃の手紙が届いた。1858年の初夏であった。

差出人の名前は、アルフレッド・ラッセル・ウォレス（1823〜1913）であり、それはオランダ領東インド（現在のインドネシア）から投函された手紙だった。その内容は、ダーウィンがたどり着いた、進化は自然選択によってもたらされるとする論理と同じものだったのだ。

ウォレスは、アジアやアマゾンのジャングルでチョウや鳥を捕まえては、標本や剥製《はくせい》として売って生計を立てる暮らしをしていた。そしてウォレスは、『ビーグル号航海記』の出版以来、生物学界ではすでに名声を得ていたダーウィンを尊敬し、ダーウィンが刺激を受けた『地質学原理』や『人口論』を読んで独学で勉強をした。熱帯のジャングルにいる昆虫や鳥の容姿が、採集場所ごとにあまりにも多くの変異に富んでいることを彼もまた目の当たりにしたのだ。神の手によらない生物の出現に想いを馳せれば、ダーウィンと同じ原理にウォレスがたどり着くのは驚くことではないかもしれない。ウォレスは、自分がたどり着いたアイデアについて、尊敬するダーウィンに意見を聞きたいと思った。

ところが、ウォレスの手紙にダーウィンは狼狽《ろうばい》した。手紙を受けとった数日後には、友人のライエルとフッカーにすぐさまことの次第を相談している。ダーウィン自身は、自分がいずれ自然選択の第一提唱者となる栄誉を受けるときには、悪魔の牧師と噂される不名誉も同時に受け入れなければならないのではないか、と考えていた。しかし、ずいぶん前からダーウィンが自然選択の理論に到達していることを、友人のライエルとフッカーは知っていた。そしてダーウィンにとってよい方法を、そしてウォレスに対しても公平だと考えられる案を提案し、そして実行した。

時は1858年の7月1日、場所はロンドンにあるあのリンネ学会だった。自然選択の理論は、ダーウィンとウォレスの共同発表というかたちで公表された。このとき、ライエルとフッカーが当時のリンネ学会の重鎮であったことも、急遽《きゅうきょ》の共同発表をスムーズに行う力添えとなったという裏話は有名である。その後、ダーウィンは急いで『種の起源』として知られる要約ノートを1859年に出版することになる。ダーウィンの計画では、この本はもっと長い大著になるはずだった。ダーウィンにとってはノートのような短い要約となってしまったが、それでも日本の文庫本にして2冊分ほどの厚さである。

ウォレスは、そのようなことのすべてを知らないまま、インドネシアで相変わらず動物の採集と商いに明け暮れていた。ツイッターどころか、電報すら普及していない時代である。

大陸をへだてた場所でリアルタイムになにがおこっているのかなど、知る術もなかった。結局、現代、自然選択と進化論といえばダーウィンのものだ。だが、ダーウィン研究史には、このことでウォレスがダーウィンを非難したという形跡はまったくみられない。むしろ、この後でもウォレスは常にダーウィンを尊敬しており、2人のあいだには、その後も様々なアイデアについて意見を交換するための文通が続いた。科学史家のなかには、ときにウォレスを「ダーウィンに消された男」と紹介する人もいる。確かに科学においては、一番先に論理や事実を公表したものがもっとも評されるという伝統がある。しかし、当時の博物学界のなかで、家畜の品種やフジツボの変異をはじめ、圧倒的なデータで自然選択の是非を世に問うたのはまぎれもなくダーウィンだといえるだろう。

現代でも進化を引き起こす仕組みとして知られるのは、ダーウィンが説いた「選択」と、次に述べる「浮動」の2つしかない。米国においては現在でも続いている宗教と進化の問題も含めて、人間の存在に対する価値観を変えたという点で、ダーウィンが人類に与えた影響は計りしれない。

遺伝子の発見、中立な進化

——量的遺伝の父——

ダーウィンの従兄弟《いとこ》でフランシス・ゴールトン卿（1822〜1911）という研究者がいる。実はダーウィンの時代には、遺伝子の実体はわかっていなかった。それは海をへだてたチェコの地で明らかにされていたのだが、ダーウィンは知らなかった。ダーウィンどころか、当時の生物学者はその発見の重要性については理解が及んでいなかった。ダーウィンは遺伝する物質が液体状のものではないかと考えていたが、周知のように遺伝子は粒子のようなものとしてDNAの配列のなかに存在する。

遺伝子が粒子のような因子であることを証明したのが、修道士をしていたチェコのグレゴール・ヨハン・メンデル（1822〜1884）であることは有名だ。この発見は、彼の存命中にはまったくといっていいほど注目されなかったが、1900年に3人の生物学者に

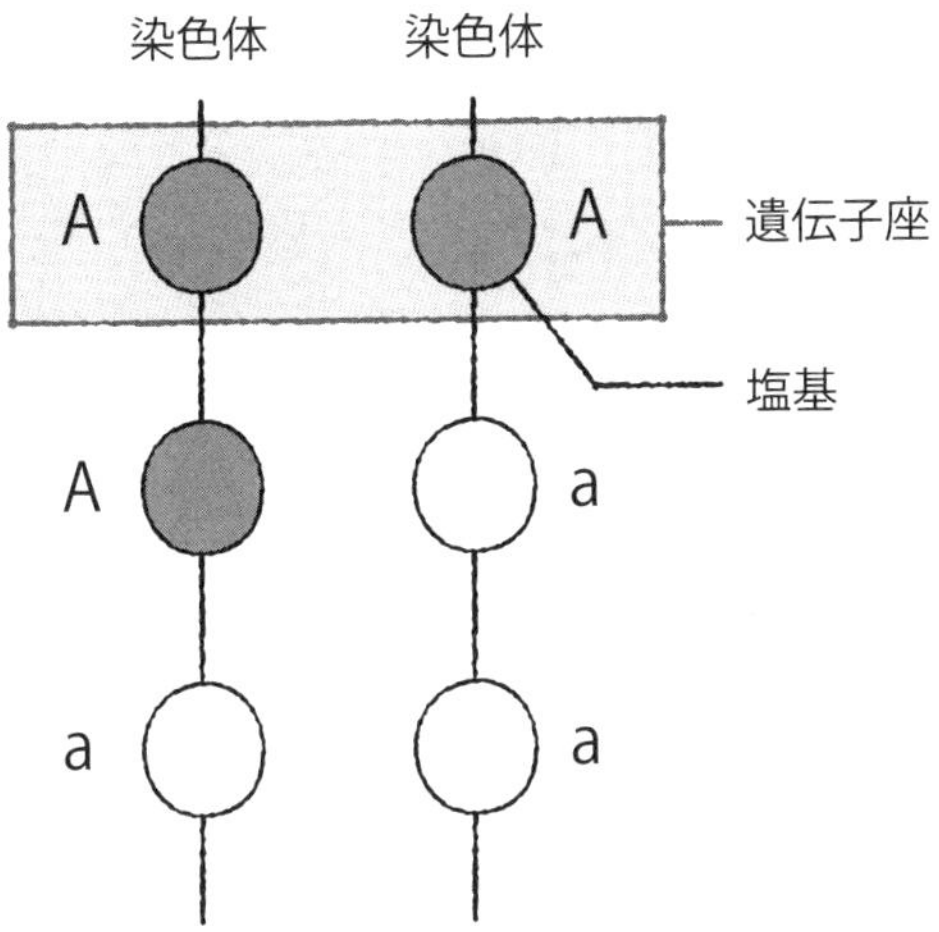

図4　染色体と遺伝子座

よって再発見され、世界の知るところとなった。

メンデルが考えていたエンドウマメの遺伝システムは、1つか2つの遺伝子座であった。遺伝子座とは、染色体の上に遺伝子のもとになる塩基が座っている場所のようなものと考えていただきたい。2本の染色体にそれぞれ、Aとaというタイプの遺伝子があるとしよう。それだけでも、つまり1つの遺伝子座だけでも、組み換えによって、AAとaaとAaという3つの異なるかたちをつくることができる（図4）。

けれども、生物が生まれもつある性質は、いろいろな染色体の上にある複数の遺伝子座によって決まっている。遺伝子座が1個なら、生物のかたちは3つあるいはそれより少ない目にみえるかたちとして存在するが、これがたとえば、Bとbで決まる別の遺伝子座があったりして座の数が増えるにつれて、生物のかたちはどんどん複雑になる。身長を決める遺伝子座の数は多く、たとえば、代謝に関係する遺伝子座だったり、骨をつくることに影響する遺伝子座だったり、そんな遺伝子座がたくさん影響し合って身長という目にみえるかたちをつくりだす。そしてそのかたちに関与する遺伝子の数が多くなると、平均的な高さの人の割合が多く、極端に小さい人や大きい人は割合として少ないといった、なだらかな裾野をもつ山形の分布になる。

フランシス・ゴールトン卿は、生物のこのような連続的な変異を、遺伝というメカニズムから眺めてみた研究者だった。ゴールトン卿は、少々考えのぶっとんだところもあり、人の才能はほぼ遺伝によって決まると唱えて、優勢学という言葉をつかった。そして天才の育種なるものを考えて少なからず非難も浴びたが、遺伝学と統計学についての業績は高く評価されて、ユニバーシティー・カレッジ・ロンドン（UCL）にはゴールトン研究室が設置されたほどだ。この研究室には、後にJ・B・S・ホールデン（1892〜1964）、W・D・ハミルトン（1936〜2000）など著名な研究者が数多く在籍した。

その後、身長のようなたくさんの遺伝子によって性質が決まる遺伝メカニズムは、ダグラス・スコット・ファルコナー（1913〜2004）によって量的遺伝学という学問分野に発展した。量的遺伝学では、家畜や植物の育種を行うときに、どのような生物の性質に焦点をあてれば、効率的にある形質について育種できるかを学ぶ。生物のある形質にはどれだけの遺伝子が関わっているのかなどの予測をするための手法についても研究されている。

いまの暮らしの多くも、この量的遺伝学に基づいて育種された多くの農産物によって支えられている。たとえば、日本人が大好きな霜降り肉のしゃぶしゃぶや和牛ステーキ。霜降り肉は、どちらかというと若いときのお肉で判断する。お肉を斬ってしまえば、その牛は子どもを残せないではないか、と思う方もいるかもしれないが、心配はご無用である。お肉に霜降りの割合が多かった牛の妹を生かしておいて、子どもを産ませて繁殖させるのだ。そうしてできるのが霜降り和牛である。ほかにも、モチモチとした食感で、収穫の量が安定したササニシキやコシヒカリといったお米も、育種して編み出された穀物だ。

――中立説の父――

世代を超えて集団のなかに存在するある遺伝子タイプの割合（異なるタイプの遺伝子座の割合）が変わるという現象を進化と呼ぶと書いた。進化には2つのメカニズムがある。ひとつが先に書いた自然選択だ。もうひとつは、**中立説**と呼ばれる仕組みによるもので、この仕組みには選択の力は働かない。遺伝子の頻度は、偶然によっても変化することがあるのだ。

この説のはじまりは、遺伝子を構成する塩基配列にスピードの速い部分と遅い部分があることによっている。ことの重要性に世界で最初に気づいたのは、日本人の遺伝学者である木村資生《もとお》博士（1924〜1994、国立遺伝学研究所）だった。ご存じのようにDNAはチミン（T）、シトシン（C）、アデニン（A）、グアニン（G）の4つの塩基が並ぶ情報だ。この情報の3つの塩基コードには、翻訳されてアミノ酸からタンパク質をつくる部分と、翻訳されない部分がある。つまり塩基の配列には、生物が生きていくうえで重要な部分と重要でない部分があり、重要でない部分ほど塩基の置き換わるスピードが速いのだ。木村博士は1973年頃に、この事実がダーウィンの考えた選択の仕組みとはまったく違ったやり方で進化を引き起こす、という結論にたどり着いた。そして木村博士のお弟子さんであった太田朋子博士とともに、この仕組みについて調べつづけた。

現代の生物学では、塩基の配列を調べてみて、長い世代のあいだ、配列が変わらない部分があれば、そこにはその生物が生きていくうえでなにか重要な機能があると予測できることが常識となって久しい。この常識も中立説がもとになっている。

木村博士はこのアイデアを1968年に“Nature”誌に発表した。画期的なアイデアであるだけに、世界的に注目されたが、発表当時は**非ダーウィン進化**と呼ばれ、大きな議論を巻き起こした。木村博士の実験が間違っているとか、不完全であるという非難もあったが、発表されて3年ほど後には中立説のアイデアが世界に認められ、「胸をなでおろした」と博士自身が語っているほどだ。現代の生物学では、進化の二大要因として、選択説と中立説は多くの場合、並列して語られている。なんといっても日本人として誇らしいのは、進化の仕組みのひとつは英国で誕生し、もうひとつの仕組みが日本で誕生したという事実である。

さて、この分子レベルでおこっている遺伝子頻度の置き換わりを、ぼくたちが目にする生物の姿かたちの変化に置き換えるとどのように言い表すことができるだろうか？　それは**ドリフト**（世代を経て、一定の遺伝子が固定したり、固定しなかったり、漂うような様子。遺伝的な**浮動**と呼ばれる）という現象で説明できる。やや強引ではあるが、再び「ふとっちょ」と「やせっぽち」を登場させたい。よりわかりやすく表すために、この2つのタイプに加えて、ここでは「さんかく」という3つめのタイプも加えてお話する。

いま、3つのタイプがそれぞれ3匹ずつ暮らす集団があるとしよう。この集団が生息する場所が、たとえば地殻変動やプレートの移動などの地誌的な理由によって分断してしまうという歴史的なイベントがおこるとどうなるだろうか？（図5）　分かれた小さな集団のあるものでは、「ふとっちょ」だけが取り残されるかもしれないし、ある集団では「ふとっちょ」は消滅してしまうかもしれない。このような極端な出来事によって、ある遺伝子のタイプが

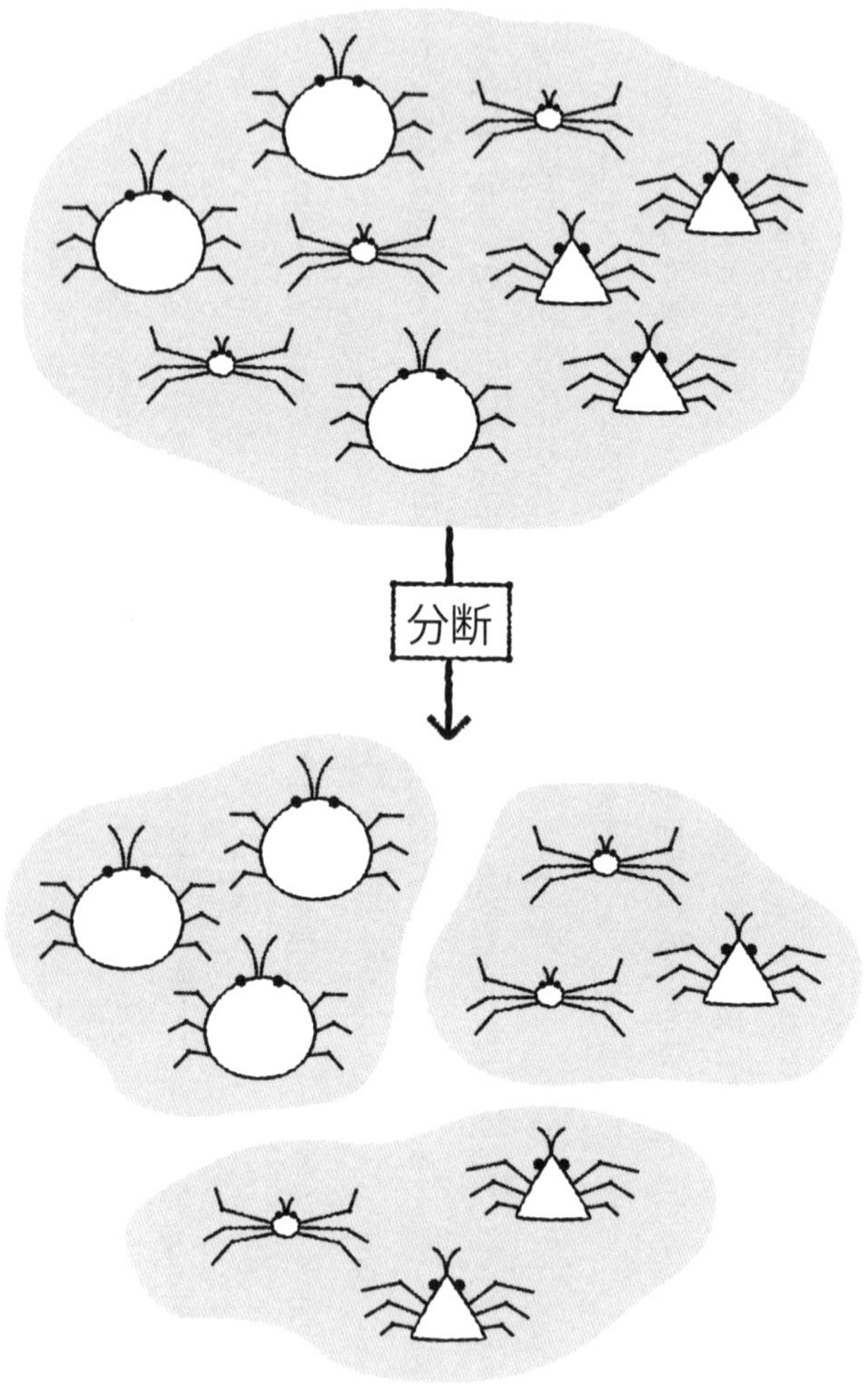

図5　分断された「ふとっちょ」「やせっぽち」「さんかく」

完全に絶滅してしまうのは、分かれた集団が小さなサイズであるときに、よりおこりやすい。

これは小学校で確率を勉強するときに、赤色と白色のおはじきの入った袋から、少数のおはじきだけを取り出したときには、どちらか一色しか取り出せないことが多くなるのと同じ理屈である。

このように集団のサイズが一時的にとても小さくなるときに、浮動、つまり変異の幅が小さくなってしまうことがその集団の進化に対して大きな影響を及ぼすことがある。この現象は**瓶首《びんくび》効果**（ボトルネック効果）と呼ばれる。

図5の大きな集団を、とある大陸に見立てて、その大陸が小さな3つの島に分かれたという事態を想定することもできる。あくまでも偶然に、彼らは分けへだてられたのだ。そうすると、分かれた小さな集団が世代を経てどのような割合に変わるのかは、分かれた時点でどのタイプが取り残されたのか、その率によるだろう。この先、分集団でどのような進化が生じるのかは、それぞれの分集団のはじまりの時点のタイプの変異によって決まってしまうのだ。これを進化生物学では**創始者効果**（ファウンダー・エフェクト）と呼ぶ。

このように、瓶首効果も創始者効果も、つまりはドリフトという同じ仕組みによって決まる。そのアイデアの根底にある考え方そのものは、中立説と同じだ。もうおわかりだと思うが、この仕組みによれば、選択という力が働かなくても、世代間の遺伝子頻度は変わる。集団のなかの生き物のタイプが置き換わるということは、すなわち世代を経てある集団のなかの遺伝子の頻度が変わるということだ。繰り返すが、この仕組みの場合は、選択というメカニズムはいっさい働かず、まったくの偶然によって生物は進化するのである。

——生物多様性の源——

生物の最大の特徴は？　と聞かれれば、進化する、つまり変わることができる、ということと同時に、その多様性があげられるだろう。生物多様性という言葉は、いまや日常に溢れている。では、これほど生物が多様なのはなぜだろうか？　その答えは、「生物の種類が次々と分化していくから」である。最初は1つの種だったものが、2つの種に分かれる。そして、それらの種がまた別の2つの種に分化する。こういう具合に分化が進むと、長い年月をかけて、ぼくたちが暮らすこの世界にみられるような多様な生物が出現するのだ。

では、種が分かれるというのは、実際のところどのようなイベントによるのだろうか。

ここでまず、実は生物には種という実体がないということを書いておく。生物の種は、人間の認知概念によって成立するものである。しかし、種を表す言葉がないとぼくたちの生活はとても不便になる。とても不便なので、ぼくたちは便宜的に種というものを認識しておく。たとえば、これがネコで、これがイヌといった具合に。認識しておかなければ、そもそも人と人との会話がとても面倒くさいことになってしまう。差し迫った天敵のいない現代なら、会話のスピードが遅くなることくらい致命的でもないだろう。しかし、昼に獣を狩ってそれを糧《かて》にし、夜は獣の襲来を受けていた頃の祖先まで振り返れば、危険な種を見分けるために種という共通の認識をもつものたちと、もたないものたちでは、生き残れる確率にまで影響が及んだと思われる。

さて、生物学では「種分化」は一大イベントである。なぜなら、こんにち生物といえばこのキーワードが思い浮かぶ「生物多様性」は、種分化によってもたらされてきたところが大きいのだから。種分化、つまり種の起源というイベントは、ダーウィンをして「ミステリー中のミステリー」といわしめたほどである。DNA解析の進んだ現代生物学でこそ、アフリカの古代湖に棲むシクリッドという魚たちや、違う季節に繁殖するミズナギドリなど、一見すると同じ種に思える生き物でも、実は種分化が生じていたと考えられる数多の事例が判明している。

同じ場所に暮らす生物が2つの集団に分かれるケースもある。そのような種分化の好例のなかで、ひときわ、その仕組みがわかりやすいためよく紹介される例がある。それは、サンザシミバエというハエだ。たとえば、ロンドン自然史博物館にある種分化コーナーでも説明につかわれていた。このミバエは異なる果実を食べるようになったことが原因で、互いに交わることのできない種と認識してもよいものに分かれてしまった。

北アメリカにはもともと、サンザシという植物の果実を幼虫が好んで食べる、サンザシミバエというハエが暮らしていた。幼虫が果実を食べる習性をもつこれらのハエは、ミバエと呼ばれている。1800年代中頃、アメリカではリンゴの栽培が始まった。そして1864年、ニューヨーク州のハドソンバレー付近で、リンゴに産卵しようとしているサンザシミバエが目撃されたのだ。つまり、サンザシに寄生していたこのハエのなかに、リンゴに卵を産むようになった個体が現れたことになる。1990年頃になると、リンゴで育ったミバエはリンゴに卵を産み、サンザシで育ったミバエはサンザシに卵を産むようになった。

この現象に興味をもって研究に取り組んだ科学者がいた。ミシガン州立大学でサンザシミバエの研究を続けたガイ・ブッシュ博士である（現在はリタイアしている。博士は一度来日したことがあり、そのおりにぼくは車を運転して沖縄の水族館につれていったことがあった。パロットフィッシュをとても気に入っていたことを思い出す）。その頃にはDNAを用いて、2つの集団のあいだでどれほど遺伝子の交流があるのか、つまり、2つの集団で交配が行われているのか否かを調べる技術が発達していた。そして、サンザシに残ったミバエと、リンゴに移ったミバエでは、遺伝子の配列が少し異なることがわかったのだ。サンザシで育ったミバエはサンザシで育ったミバエとしか交わらず、リンゴで育ったミバエはリンゴで育ったミバエとしか交わっていないことになる。言い換えると、もとは同じハエの種類だったものが、サンザシで育つ集団とリンゴで育つ集団に分かれる途上であるともいえる。つまりは、種分化の途上であると。

博士は、サンザシとリンゴでは果実のなる時期が数週間ほどずれることに注目した。サンザシの集団とリンゴの集団は、成虫になって繁殖する時期が2～4週間ほどずれていることがわかった。ブッシュ教授の在籍したミシガン州立大学でミバエの研究を引き継いだ後進たちによって、さらにこの2つの集団のメスは、卵を産みたくなる刺激としての香りが異なり、サンザシで育ったメスはサンザシの果実の香りに、リンゴで育ったメスはリンゴの果実の香りに反応するということもわかってきた。このミバエに寄生する蜂がいるのだが、サンザシとリンゴで育ったミバエの寄生蜂では、母系を由来して遺伝するミトコンドリアの遺伝子配列や、父系を由来する遺伝子などにも違いがあることもわかってきて、２００９年に“Science”誌上で報告された。

つまり、サンザシで繁殖するサンザシミバエと、リンゴで繁殖するサンザシミバエは、生活のサイクルが異なったことが原因で、互いに交わることなく150年もの歳月が流れたために、遺伝子の配列や、関係する敵対者たちの構造までもが異なるようになったのである。このようにして、1つの種が、2つの種に分かれていくことが実際におきているのだ。

同じ種の昆虫だと考えられていても、異なる植物で育つ集団どうしがお互いに交配していない場合、それぞれの集団のことをホストレース（異なる寄主の系統）と呼ぶ。そして、多くの種類のガやテントウムシなどは、いままさに種分化の途上にあるのではないか、と考えられており、研究が進められている。

DNA解析技術の進歩には目を見張るものがある。人間の世界でも、DNAの断片から遺伝子に刻まれた個人情報を特定できるとぼくたちが知らされて以来、それほど長い年月がたったわけではない。ところが、**シークエンス**と呼ばれる塩基配列を読み進める技術は、飛躍的にその速度を速め、精度も上がって、いまやある生物の体をすりつぶして機械に放り込むと、様々な配列の断片が一気に読めるという機械も出現しており、遺伝子研究は、遺伝子暗号の山と戦う情報産業の様相を呈してきている。生物の起源は同じなので、DNAの情報という次元まで掘り下げると、塩基配列の似たものが分類群の異なる生物でも発見され、それはおそらくその配列が最終的に生産することになるタンパク質が似ているからなのだと推測ができることになる。

解析は、以前にくらべればとてつもなく簡単になった。こうなると、ある生物から遺伝子を採取して、その暗号を解読していた分子生物学は、それまでとは逆の発想の学問になる。解析された暗号の意味することはなにか、という網羅的な比較解析に問題が移ることになったのだ。つまり目の前に広がる暗号の海から、これは代謝に関する暗号、これは呼吸に関する暗号、これは神経伝達に関する暗号、というより分けを行うという膨大な作業がともなうようになり、このような取り組みはシステム生物学と呼ばれている。この作業に、どのような生物学的意味をもたせるかについて、すべての情報データに対してはとても追いついていないというのが、いまの生物学の現状でもある。

さて、DNA解析が大変進んだ現代であるが、そんななかで、原点であるフィールドに回帰した研究者の成果が、世界中の科学者を感嘆させつづけている。絶海の孤島に棲むヒワという鳥たちのすべてを記録したグラント夫妻である。

進化の正体を求めて

――再びフィールドという原点にもどった研究者――

ダーウィンは『種の起源』のなかで、自然選択の目は生物のあらゆる変異を見逃さないと説いた。その目は絶えず見張りつづけていて環境に適したものを選び、適さないものは捨てられる、と語っている。先にも書いたように、しかし、ダーウィンは自然選択の原理を、様々な証拠から推論したのであって、自然選択を実際に測ったわけではない。「長い、長い時間を経たあとでなければ自然選択が本当に作用したのかどうかはわからない。現存する生物のかたちが過去のものとは異なっていることがわかるだけだ。」と書いている。

進化とは、集団のなかの遺伝子頻度の変化である。この変化を、自分たちの目で確認した科学者がいる。ピーター・グラントとローズマリー・グラントの夫妻である。プリンストン大学の教授である夫妻は、20年以上ものあいだ、毎年、ガラパゴス諸島のなかのダフネ島に上陸し、キャンプを張って島に棲むすべてのフィンチ（ヒワという鳥の仲間）に足輪をつけて、その年齢やかたちを記録したのだ。なんと「すべての鳥に」である。20年のあいだにフィンチは20もの世代を繰り返している。彼らは、島のすべてのフィンチについて、その親がどれで、そのおじいさんとおばあさんは誰で、そのフィンチはいつ生まれたのか、どのように成長したのか、すべてを記録しつづけた。

夫妻は2人の娘とわずかな大学院生を連れて、毎年の一定期間、この島で来る日も来る日も1羽ずつフィンチを捕まえては、体重、足の長さ、羽の色、くちばしの色・長さ・高さなど測れるものはすべて記録した。そして、この島に棲むヒワの先祖代々に及ぶ家系図を作成した。繰り返すが、島に棲むすべてのフィンチについて、である。

老夫婦となったこの2人と研究仲間たちがこの島で調査をした期間には、雨が降りつづいた年月もあれば、一滴も雨の降らない干ばつの続いた年月もあった。そのあいだも彼らはヒワたちのくちばしの長さや体重を測りつづけていた。

干ばつの続いた年には、たくましく大きなくちばしをもったヒワだけが生き残ることができた。その訳は、ヒワのエサとなる果実の大きさにある。どのヒワでも小さな実は食べることができる。干ばつが続くと、小さな実からなくなっていき、やがて大きな実しか島には残らない。大きな実を割って食べることのできる、大きなくちばしをもったヒワだけが生き残ることができるのだ。そういう具合にして、干ばつが続いた結果、島に棲むヒワの平均的なくちばしの大きさは、数年のあいだに随分と大きくなった。そして、数年後に雨が降るようになると、くちばしの平均的な大きさは、再び小さくなっていったのだ。まさに、選択によって、遺伝子の頻度が変わっていく様子が、干ばつという厳しい自然条件のなかで世代をつないだヒワたちによって再現され、グラント夫妻の目前に展開されたのだった。

最近では、夫妻の研究グループに加わった若手の研究者たちが鳥のくちばしをかたちづくる遺伝子に目星をつけている。そしてその遺伝子の発現量が、干ばつのときにはどう変化するか、といった研究が続けられている。彼らは足輪で標識されたヒワをみつけてはほんの少しの血液を採取して、DNAを解読し、グラント夫妻のたどった研究の軌跡を、今度は分子レベルで調べているのだ。進化の軌跡が系譜として白日のもとにさらされた鳥たちに生じている世代を超えた変化を、遺伝子で理解せんとしているわけだ。

――なぜ起源を問うのか――

それにしても、毎年、この孤島にキャンプを張って滞在し、これだけの調査をするグラント夫妻の情熱にも驚くばかりだが、このような研究を支援しつづけるアメリカの大学にも尊敬の念がこみ上げる。島に棲むすべてのヒワの家系図をつくり、そこでおこっている世代を超えた変化を長い年月をかけて、現場で調べつづける。これぞまさに「進化」という壮大なドラマをリアルタイムで目の当たりにしている、ということになる。

いま多くの科学者が、いろいろなスケールで、種と生の起源の謎解きに挑戦している。なかには、大腸菌やバクテリアを、環境を変えて何千世代も実験室内で飼育しつづけて、多くの世代を重ねることで進化の生じるさまを明らかにしようとする研究者たちもいる。ある島を借りきって、鹿の社会構造が世代を経て、環境の移ろいにつれて、どのように変化しているのかを調べつづける科学者もいる。コンピュータのなかに仮想空間をつくって、そのなかに仮想の生物を住まわせて、進化を生じさせて追跡している科学者もいる。

自然選択と遺伝的浮動は、どのような環境のもとでどのようなダイナミクスをぼくたちにみせてくれるだろうか。生物の進化という現象に興味をもった科学者たちは、心躍らせながら、いまも清潔に滅菌されたシャーレのなかの培地という世界において、あるいは太陽の照りつける絶海の孤島や北風の吹きつける荒野のなかで観察しているのだ。

自然界においてなにが生じているのか。それこそが生物学が明らかにすべき問いである。そして、自然界でそれが生じてきた仕組みを理解し、その仕組みにコントロールされて体内で常に駆動しつづけるメカニズムの意味を理解する。その理解が、人間の暮らしに役立つ新しい知恵や技術を生む宝庫にだってなる。ここに生命をひもとく根源的な欲求があるはずだ。

次章からは、生物がこの世に生まれた瞬間から、有無をいわさず、つまり必然的に背負うことになる3つの基本的なこと、性（第二章）、老いと死（第三章）、時間（第四章）について、進化の視点から研究を続けてきた先人たちを中心に紹介する。紹介する人物は、いくぶんというよりも、かなり偏っている。それは筆者の歩んできた狭い道によるところが大きい。できる限り、筆者がダイレクトに関わってきた先人たち、あるいは原典から得た情報をもとにして語りたいというこだわりがあった。それは一方で、ぼくの勉強した分野がとても狭い道に限られていたとつくづく痛感させられることでもある。その点をお許しいただき、読み進めていただければ幸いである。第二章以降は基本的にはそれぞれが独立した話となっている。興味のある章から読んでいただいてもかまわない。

第二章

性に魅せられて

巨大なメスと矮小なオス。極端な姿になってしまったメスとオスのあり方が世の中には存在する。たとえば冬になると食べたくなる鍋の食材にアンコウがある。深海に棲むチョウチンアンコウの仲間のオスは、生まれてしばらく海中を泳いでいる。オスはその発達した嗅覚でエサではなく、メスを探す。メスを探すことがこの種のオスのもっとも重要な仕事だ。

メスの体は20〜30センチと大きいが、オスはその5分の1かそれ以下である。鋭い嗅覚をもって生まれてくるオスは、運よくメスをみつけると、なんとメスに噛みつく。噛みついて一生離れることはない。メスのお腹に噛みついたオスは、メスの体との癒着が始まり、そのままぶらさがって生きていく。嗅覚の衰えたオスは、精巣だけが発達する。そのままメスの体から栄養をもらいつづけ、オスは精子の生産にのみ力を注いで生きていくのだ。

なぜこのようなメスとオスの関係が生じるのだろうか？　世にも不思議なメスとオスの関係は、実は進化論で説明できるのである。

性こそ、もっとも多くの生物学者を魅了してきた研究テーマである。そもそも性は、どうして存在するのだろうか？　なぜメスとオスがいるのだろう？　性ほど不思議でおかしなものはない。古くはダーウィンから現代にいたるまで、性に魅せられた科学者は数えきれない。

性のはじまり

――オスとメスはなぜ存在するのか――

あるとき生物は「性」を進化させた。有性生殖をする生物の起源である。性は、栄養に富んだ大きな配偶子と、ＤＮＡ情報しかもたない小さな配偶子に二極化した。前者をメス、後者をオスと呼ぶ。多くの生き物ではオスにくらべて、メスのほうがより多く子どもに投資を行う。

なぜ性が必要になったのだろうか？　それにはいくつかの進化的な解釈がなされている。なかでも、性をもたない無性生殖よりも性をもつ有性生殖のほうが環境の変化にすばやく対応できるのだ、という説明には納得させられるところが多い。もとは航空機の設計士であり、理論生物学者に転身したジョン・メイナード・スミス博士（１９２０〜２００４）は、１９７１年に、性をもつ利点として組み替えができることがあるとした。

無性生殖では、細胞は分裂して増えるだけなので、新しい環境に生物が対応するためには細胞分裂にともなうＤＮＡの突然変異によって、その環境に対応できる変異をもつ個体が現れるのを待たなければならない。一方、有性生殖の場合、個体が増えるためには、まず２つの性が出会わなければならず、１つの子どもをつくるのに、無性生殖にくらべてスピードが遅くコストがあるといえる。それにも関わらず、世界が有性生殖をする生き物で満ちているのには理由がある。それがメスとオスが交わることで生じる遺伝子の組み換えである。わずか一世代で、両親の遺伝子に組み換えが生じる。つまり、子どもの世代で、父と母の遺伝子が混じり合うのだ。これにより、ランダムにしか生じない突然変異とくらべ、新しい環境に適応した遺伝的な組成がもたらされるスピードが早まったのだ。

このほかにも組み換えがもたらすメリットはあり、たとえば子どもの世代で生存にとってよくない遺伝子コピーの誤りが生じたとしても、次の組み換えでその誤りを修理できる遺伝組成を手に入れる可能性も増える。これはハーマン・Ｊ・マラー（１８９０〜１９６７）が１９３２年にはすでに指摘していたことで、**マラーのラチェット**と呼ぶ。ラチェットとは歯車のことで、歯車というのは一度進むとあともどりできない。ところが、遺伝子におきた有害な出来事は、あともどりさせることができる、という意味で、ラチェット効果と呼ばれるのだ。

第三章で再び登場するマラー博士は、アメリカの遺伝学者で、ショウジョウバエにX線を照射することで、人工的に突然変異体をつくることができることを発見した。コロンビア大学で学位を取得した彼は、ショウジョウバエ遺伝学の父であり、遺伝子は染色体にのっかっていることを提唱したトーマス・ハント・モーガン（１８６６〜１９４５）の研究室の門をたたき、ハエと突然変異の研究を始めた。モーガンは、その研究でノーベル生理学・医学賞を受賞した。モーガンの弟子であったマラーは、X線と突然変異の研究で１９４６年に同じくノーベル生理学・医学賞を受賞している。

――ダーウィンの憂鬱――

さて、世の中に性が誕生したことで、メスとオスのあいだには様々な関係が生まれた。性の「選別」と「戦い」は限りなく続いている。協力か対立か？　オスとメスはどちらかの道を歩むこととなった。

最初に、オスとメスの**選別**の話をしよう。異性による選《え》り好みである。チャールズ・ダーウィンは、進化論のバイブル『種の起源』を１８５９年に公表した。そこに謳われたのが**自然選択の３つの原理**であった。３つの原理とは、①ある形質に変異があって、②その形質をもつ個体はもたない個体にくらべて生存や繁殖において有利であり、③その形質の少なくとも一部に遺伝性がある、ということである。

自然選択では説明できない生物の事情をいくつかダーウィンは知っていた。そして、大いに悩んでいた。そのひとつが、シカのオスの角やクジャクのオスの羽など、どちらかの性にのみ大きく発達し、生きていくうえでは不利だと思われる装飾品の存在だった。大きくて見事なクジャクの羽は、遠くからでも大変目立つ。これでは、敵にわざわざ自分の存在を知らしめているだけではないのだろうか？　ダーウィンの伝記によれば、彼は、ロンドンにあるリージェントパークに暮らすインドクジャクたちの前で、来る日も来る日も考え込んでしまったという。そして友人にあてた手紙に、

「自然選択によって説明できそうにないクジャクの羽をみていると、本当に憂鬱な気分になってしまうのです。」

と書き送っている。ヘラジカのオスの頭に生えるとてつもなく大きな角にしても同じだった。あんなに大きな角は、草をはむのにさえじゃまになりはしないだろうか？

――性選択の誕生――

しかし、ついに1871年。これらを説明するため、ダーウィンは、**性選択**というアイデアにたどり着いた。そして『人間の由来と性に関連した選択』という本を著して、この考え

方を世に問うたのである。彼が思いついたのは、自然が長い時間をかけて、生物の姿形を選択できるのだとしたら、メスだってオスの姿形を選択できるのではないか？　ということだった。彼は、これをまったく新しい選択のかたちとして捉えていた。しかし、よく考えると、選ぶのが自然ではなく、性に変わっただけということになる。つまり、ある性の個体がもつある形質に変異があって、その形質をもつ個体はもたない個体にくらべて異性により選ばれる傾向が強く、あるいは繁殖をめぐる競争において有利であり、そしてその形質の少なくとも一部に遺伝性がある。クジャクに置き換えていえば、尾羽にたくさんの斑紋のあるオスと、それほど斑紋の多くないオスがいる。メスはたくさんの斑紋をもったオスを素敵だと判断する。そのようなオスと番《つが》ったメスの子は、男の子であれば尾羽には斑紋がよりたくさんあり、女の子であれば母親と同じように、より斑紋の多いオスを素敵だと思う。これは自然選択の3つの原理と同じだといえるだろう。自然選択では、生存のために適した者を選ぶのが、環境であったり、競争相手の生物であった。選ぶ者が異性であったとしても、理屈は同じなのだ。

自然選択が現在、高校の生物の教科書に載るくらい有名な論理であるのに、性選択はそれほど広く知られていない。その理由はなんだろうか？　ひとつは、すでに書いたように、性選択が、基本的には自然選択の考え方を拡大解釈したものであるということだろう。だが、もうひとつ、歴史的に重要だと思われる点がある。
まず、「メスがオスを選り好みする」という着想自体、当時の英国ではある種はしたない行為だと考えられていた可能性があった。ジェントルマンの国といっても、時代的には女性は家で慎ましく家庭を守る、という時代である。女性が男性を選り好みするなんて（当然、秘かにはあったであろうが）、社会的には恥ずかしい行為であったと考えられたに違いない。そんな当時の一般社会にダーウィンの考えが広く受け入れられるはずがなかったのだろう。ダーウィンは、時代の先を行きすぎたのだ。

さらにもうひとつ、性選択の本が広く普及しなかった理由が考えられる。ダーウィンがこの本のなかで「人種による皮膚の色の違いも性による選択によって説明できる」と書いたことだ。たとえば、南米に棲んでいる民族は、ほとんどのヒトが褐色の肌色をしている。そしてダーウィンは、ミルクコーヒーのような褐色の肌は、その地域ではもっとも魅力的だと判断され、肌の色の違いは異性による好みの基準になると考えたのだ。この説明は、いまでは誤りとされ、ヒトの皮膚の色は自然選択によって進化したとされる。つまり強い太陽光のもとでは有害な紫外線から身を守るために、光をなるべく吸収しないよう、メラニン色素を沈着させた肌のヒトが適応した結果なのだ。そして北の地方に進出した民族は、メラニン色素をつくる遺伝子の突然変異によって皮膚の色が淡くなる。そのほうが弱い太陽光でもビタミンが摂取できて、生存に有利となったために進化したと考えられている。

――性選択は共進化である――

ダーウィンは「性選択」というアイデアを提唱し、それを2つのタイプに分けた。ひとつは、片方の性がもう一方の性の個体をめぐって戦う**同性内選択**である。もうひとつは、片方の性がもう一方の性を選ぶ**異性間選択**である。ふつうはオスどうしがメスをめぐって戦い（同性内選択）、メスがオスを選ぶ（異性間選択）のだが、これは子に対する投資がオスよりもメスのほうが大きいからである。その証拠にオスとメスの投資比が逆転している場合には、メスがオスをめぐって争い、オスがメスを選ぶ。たとえば、父親が子育てに熱心なレンカクという種類の鳥や、父親が背中に背負った卵を水の表面に出したり沈めたりしながら丹念に酸素を送るコオイムシでは、子育てができるイクメンパパの数が限られてしまい、余剰メスが生じてしまう。このような種類では、メスがオスをめぐって争ったり、オスがメスを選ぶのである。

ダーウィンが提唱した性選択は、どちらのタイプにしても共進化のかたちをとる。これは交尾を行うことがメスにとって「利益」であることを前提としている。同性内選択では、メスはオスどうしを戦わせ、結果として遺伝的に闘争に強いオスと番うことで、息子の適応度を上げると考えることができる。異性間選択では、メスは優良な遺伝子をもったオスを交尾相手として選んでいる。そのようなオスと交尾したメスの息子はよりメスにとって魅力的となり、娘もまたより魅力的なオスを好むという性質が、普段の生活のうえで障害にならない程度にまで、ともに進化しつづけるのである。

メスはオスのどのような形質を好むのだろうか、という問いは、性選択にいくつかの考え方をもたらした。ファッションの流行の予測が難しいように、どんな理由があるのかは不明でも、あるときに、あるタイプのオスをメスが好めば、そのメスの好みの程度はどんどんと強くなる。そして、好まれるオスの形質もともに進化する。このメスとオスがともに進化する過程を、統計学者でもあるロナルド・フィッシャー博士（1890～1962）は理論的に解析した。そのため、このプロセスはフィッシャーの**ランナウェイ・プロセス**と呼ばれている。

――ハンディキャップの登場――

曖昧な指標ではなく、もっと現実的な意味でオスを選ぶメスもいる。エサや縄張りを守るオスの能力をメスが評価している例もある。これを**優良遺伝子仮説**と呼ぶ。多くのオスは求愛を行う際に、オスにだけ特徴的な飾り羽や角をつかって、求愛のためのダンスを踊る。このようなダンスを踊るのにはエネルギーが必要だ。捕食者にみつかる可能性も高く、いろいろとコストを払わなければならないだろう。そのようなコストを支払ってでも立派な求愛ダンスを踊れるオスは、ある種のハンディキャップを背負ってでもなおありあまる元気をアピールしていると考えたのが、イスラエルの理論生物学者であるアモツ・ザハビ教授だ。メスは、そのようなオスの正直なシグナルを指標としてよいオスを選んでいるという考え方を**ハンディキャップの原理**と呼ぶ。

ちなみにザハビ教授は、捕食者に対しても自分が元気であることをわざと知らせて、捕食者の戦意をそらす作戦も、ハンディキャップの原理をつかって説明している。教授によると、生物のコミュニケーションというものは、自分のもちうる能力をいかに相手にシグナルとして伝えているかを考えることで、「すべてが説明できる」のだという（従来からの教授の説ではあるが、2012年にお話をうかがったおりにも、この点を強調していた）。

アモツ・ザハビ教授はダーウィン以来、主に英国を中心に唱えられている性選択の理論や、敵に対して対処する生物の適応に関する多くの説明に対して、ハンディキャップの原理のように異なる説明を与えている。彼のこの一見、意表を突いたように思える考え方の多くは、最近になってようやく多くの生物学者に受け入れられるようになった。

さて、性選択には、（ふつう）メスがオスを選ぶ異性間選択と、オスどうしが戦う同性内選択があると書いた。これからメスがオスを選ぶことを示してきた動物研究の歴史をひもといていこう。まずは、かのチャールズ・ダーウィンを悩ませたクジャクの尾羽について、その後の研究をみてみよう。

メスはどうやってオスを選ぶのか

――クジャク騒動の勃発――

ダーウィンを悩ませたリージェントパークやロンドン動物園にいるオスのインドクジャクの見事な羽。羽の目玉斑紋が多いオスが本当にメスにモテるのだろうか?

この疑問に対しては、ダーウィンの悩みをもてあそぶかのごとく、1990年から発見とどんでん返しが相次いでいる。ダーウィンの悩みについて、最初に観察を行い、実験によって証明したのが、ニューカッスル大学(英国)の進化生物学者マリオン・ペトリー教授たちであった。

彼女らは10羽のクジャクを観察して、メスが目玉斑紋の数の多さによってオスを配偶者として選んでいることをつきとめた。そして、より派手な尾羽を父親にもつヒナは、そうでないヒナたちより元気に生き延びることができた。そして目玉の模様をわざと少なくしたクジャクはあまりメスに好まれないことも実験で示した。彼女はこれらの結果を、1991年に動物行動学の雑誌"Animal Behaviour"に公表した。これで、クジャクの羽の謎は決着がついた。やっとダーウィンも安心して永遠の眠りにつくことができるだろうと、世界中の進化生物学者たちはウェストミンスター寺院の床下に眠る進化論の巨匠に想いを馳せた。

ところが1996年、インドに生息するインドクジャクでは、目玉斑紋の数と交尾成功に関係がなさそうだという報告が提出された。

時は前後するが、日本にいるクジャクでも、オスの尾羽の目玉斑紋がメスに選り好まれる指標になっているのか追試してみようと考えた研究者がいた。性選択やヒトの進化研究のオピニオンリーダーである長谷川眞理子教授（総合研究大学院大学葉山）と長谷川寿一教授（東京大学）とともに、高橋麻理子博士（東京大学）は、1993年から静岡県の伊豆シャボテン公園のインドクジャクで、オスの羽にある目玉斑紋とメスの選り好みについて研究をスタートさせた。目玉斑紋の数とも関係するので、尾の長さも調べた。クジャクの繁殖期である4月から7月にかけて、求愛が盛んな早朝の4時から8時くらいまでのあいだ、クジャクの顔の特徴などを記録し、どのオスとどのメスが交尾するのかを根気強く調べた。ところが7年以上もかけていくら観察を続けても、オスの目玉斑紋の数と、そのオスがどれほどメスに選り好まれたのかを示す指標のあいだには、なんの関係も見出せなかったのである。

このようなネガティブな結果は、発表してもなかなかほかの科学者が納得してくれないものだ。しかし、7年間に観察した交尾の数は268回にも及ぶ。この回数には世間も納得するだろう。彼女らはついに2008年、「オスの羽にある目玉斑紋と交尾の回数にはなんの関係もないクジャクもいる」ことを“Animal Behaviour”誌の4月号に公表した。世界の生物学者は、再び眠りをじゃまされたダーウィンの憂鬱な悩みに注目させられることとなった。

苦労の続く観察のなかで、高橋博士たちの研究グループは、あることに気づいた。公園のクジャクのオスは、繁殖期にブルブルと震える（シェイビング）ディスプレイとともに声をあげて鳴くそうだが、このディスプレイを行う頻度が高いオスほどよくメスに好まれることが明らかになったのだ。いずれにせよ、クジャクの尾はメスが選り好みにつかっている世界の統一基準というわけではなさそうだった。インドクジャクの場合、クジャクが棲んでいる地域によってメスが好きなオスの形質が異なると考えることもできる。あたかもファッションの好みが、世界のあちらこちらで異なるかのごとくに。

最近の理論的な研究では、同じ生物の異なる集団や、同じ仲間の生物のあいだで、メスの好みは時代や場所によって異なると考えられるようになった。このように書くと「渋谷で年によって全然違うファッションが流行るのと同じだなあ」と思う人もいるかもしれないが、決定的に違う点がある。渋谷のファッションは同じ人たちが毎年、違う流行を追いかけているのに対して、生物の進化の場合にはメスが好むファッションと好まれるオスのファッションの遺伝子の頻度が世代を超えて変化していく点である。

——目玉斑紋の鍵は１４４個目にある？——

さて、伊豆シャボテン公園のクジャクをつかった研究は、ダーウィンを憂鬱にさせたクジャクの尾羽に再び世界の注目を向けることとなった。そして、２０１１年に新たな論文が“Animal Behaviour”誌に掲載された。発表したのは、クイーンズ大学のロバート・モントゴメリー教授の研究室でポスドク（任期付きの研究者）をするロスリン・デーキン博士らである。彼女らは、カナダはトロントの公園に棲むクジャクのオスの羽の模様を、部位ごとに区分けして、メスがどの部分の斑紋に興味を示すのか、いくつかの実験をした。そして尾羽の長さや目玉斑紋の数、配置と、そのオスが交尾にいたった回数を調べた。さらに大きな目玉斑紋を人為的にカットしたオスのクジャクをつくったりして、目玉斑紋を少なくしたオスがメスにどのように好まれるかも調べた。

彼女らが調べたクジャクでは、目玉斑紋はもっとも多いもので１６９個もあった。そして目玉斑紋が１４４個よりも少ないオスたちに関しては、交尾できたかどうかは目玉斑紋の数とは関係がなかった。実は目玉斑紋が１４４個よりも少ないオスはメスにまったく好まれず、交尾できなかった。ところが、１４５個よりも多い目玉斑紋をもつオスでは、目玉斑紋の数が多いオスほどたくさん交尾ができる傾向がみられたのだ。

さらにペトリー教授（73ページ）が１９９１年に発表した論文と同様に、人為的に目玉斑紋の数を減らしたオスは、メスと交尾できた割合が随分と少なくなった。また、そのようなオスのなかには、本来そのオスがもっていた目玉斑紋の数に対して不相応にしかメスに好まれない個体もいた。彼女らは、「クジャクの尾羽の斑紋のなにをメスが選り好みしているのかは、以前に考えられていたようなシンプルな問題ではないことは確かになった」と結論している。

世界のあちらこちらで繁殖をして、地域によっては飼育施設のなかから逃げ出して、ある島では増殖しつづけていたりするクジャク。どのような地域のクジャクで、どのような好みの基準が進化しているのか？　追求すべき謎は、ダーウィンの安眠への願いなどはおかまいなしに、増えつづけるのであった。

――ファッションは進化的に変わる――

九州大学の巌佐庸《いわさよう》教授らは、理論モデルを用いた研究によって、ランナウェイ・プロセス（70ページ）におけるメスの選り好みが落ち着く場所は、実はかなり不安定であることを示した。先に述べたように、性選択は限りなく暴走するわけではない。広げると100メートルになるクジャクの羽はみなさんもみたことがないだろう。そんなクジャクは生きていけない。ある大きさ以上の羽をもつことは、エサを食べたり移動したりするのにじゃまになってしまい、メスに好まれる以前に生きていくのに適さないからである。だからメスの選り好みによって進化したオスの派手な形質は、自然選択によるコストとほぼつり合うところで止まってしまう。そうすると、メスの好みの強さもゆっくりと小さくなっていく。このような状態のときに、たとえば雄叫びをあげてみたりするオスがいたとすると、今度は雄叫びを発したオスにメスの心が惹かれるという現象が生じるとも考えられる。ほかにも、ある時点では青い羽がメスの好みであったが、あるときを境に赤い羽をもったオスや、あるいは羽ではなく別の新しいファッションがメスに好まれるようになると考えられている。

実際にとても近い仲間とされている生物どうしでも、色彩や鳴き声などに大きな変異がみられることがある。これについて、複数のオスの形質に対するメスの選り好みを考慮に入れた理論モデルを提唱したのがロンドン大学のポミアンコウスキ教授らだ。それによれば、あるときは尾の長いオスが好まれ、しばらく続くが、数千世代の後には別の好み、たとえば赤い色のオスが好まれ、その次には歌の上手なオスというように、選り好まれるオスの形質が次々と置き換わり、いつまでも平行状態（選り好みのない状態）にならないという予測がある。

――メスに選ばれる百獣の王のたてがみ――

単独で行動をするネコ科の動物のなかで、アフリカに棲むライオンだけは、群れをつくって生活する。メスの群れは多い場合には22匹にもなるし、オスどうしも最大の記録で10匹までが連携を組んで生活していたという。繁殖集団としての群れは、1～9匹までのオスが、最大18匹にもなるメスの集団を引き連れてサバンナのエサが豊富な場所に縄張りをつくって生活する。ライオンの繁殖期間は4日間ほどと短いが、この短い発情期間のあいだ、群れの主であるオスライオンはメスにつきまとう。メスは一日に100回も交尾するという報告がある一方、55時間で157回、8日間で360回も交尾するオスも観察された。交尾がメスの排卵を促すのがネコ科動物の一般的な特徴らしいが、ライオンほどの交尾の回数を誇るネコは知られていない。

なぜライオンのメスもオスも、短期間にそんなに多くの交尾をしなければならないのか、その理由についてはいまだによくわかっていない（ライオンを用いていろいろと実験するのは難しいだろう）。ただこれだけ多くの交尾をしても繁殖の期間が限られるので、オスが交尾によって疲れてしまい、群れを乗っ取られた、という科学的な報告はない。むしろ群れの主であるライオンは、頻繁に群れ以外のオスライオンから乗っ取りの挑戦を受けるせいで疲労すると考えられ、メスライオンが平均19年も生きるのに対して、オスの寿命は15年である。

ライオンのメスとオスでもっとも目立つ性差は、オスのたてがみである。オスがたてがみをもつ理由について、以前は群れの主の座をめぐって頻繁にほかのオスと戦うために、挑戦者に狙われる首の部分をたてがみで守っているのではないかと説明されていた。しかしミネソタ大学のペイトン博士とパッカー博士が、タンザニアのセレンゲティー国立公園で約300頭ものライオンの行動と生態を調べた結果、オスのたてがみは「強いオスである」とまわりに誇示するために発達したとの見方が強まっている。

たてがみの黒さと長さは、繁殖期に入る5歳くらいまで年齢とともに増しつづける。たてがみが黒く発達したオスは、雄性ホルモンであるテストステロンの発現レベルが高く、傷の治癒も早く、その子どもの生存率が高いことも示された。したがって、黒い立派なたてがみをもったライオンは、自分はその時点ではもっとも繁殖で「いい仕事」をし、闘争にも強いオスだとまわりにアピールしているのである。

博士らはメスライオンたちが立派なたてがみをもったオスにより惹かれることも観察した。ライオンの社会では群れの乗っ取りが生じると、新しく群れの主になったオスが子どもをすべて殺してしまう。そのあと群れのメスたちは再び発情し、新しい群れの主との交尾にふけるのだ。

一方で、立派な黒いたてがみをもつオスは、メスやたてがみの色が薄いオスライオンにくらべて、暑いアフリカでは体温が高くなってしまう。高熱に耐えなければならないというコストを背負っているのである。さらに暑さのストレスにさらされるせいか、異常な精子が多くなるという結果も報告されている。ライオンの異常な回数の交尾は、正常な精子を確保するための、ある種の保険なのかもしれない。

ストレスの多い状況で、コストをものともせず立派なたてがみをもつこと自体に、メスが惹かれるという見方もできる。なぜなら、ハンディキャップを背負ってでもより強く生きられる遺伝子をもったオスだという証《あかし》だからだ。これもザハビ教授の「ハンディキャップ理論」（71ページ）で説明できる例である。逆境に生きる男に女は可能性を見出すわけである。

——論文発表についての余談——

さて、先に述べた一連のクジャク騒動は、“Animal Behaviour”という動物行動学会が発行するひとつの雑誌のなかで、その騒動がやりとりされていることも面白い。インターネットの発達につれて、近年は科学雑誌の発刊形態が大きく変わった。昔は科学雑誌に研究を投稿するのは多くの場合無料であり、その科学雑誌の冊子体を読者が購入していた。ところが、大手の（おもに）海外の出版社が、様々な科学雑誌を取り込んでパッケージ化して購読料金の値上げを行った。冊子は図書館や個人のスペースを奪うし、紙という資源を搾取するということもあって、およそ2000年を過ぎたあたりから、世界は電子ジャーナルの道を突き進んでいる。基礎科学の研究誌にはなかなかスポンサーもつかないのだろう。出版社も商売なので、現在にいたるまで、大手出版社はどんどんと価格を値上げしてきた。

そこで、大手出版社の商業主義に嫌気がさした世界の何人かの研究者たちは、論文を無料で投稿でき、無料で読めるという、オープンアクセスジャーナルをつくりだした。誰でも無料で読める雑誌ということで、オープンアクセスの雑誌の数は、2000年代中盤から後半にかけて、うなぎ登りに上昇した。とにかく早く、無料で、みんなが読める雑誌に、書き手が殺到することは目にみえていた。ところが、すべてが無料というシステムには無理があるものだ。オープンアクセスジャーナルは、読者からではなく、論文の投稿者からお金をとるようになった。

ここに、研究をする側の格差が生まれた。お金をもっていない研究者は、有料のオープンアクセスに研究成果を発表できないのだ。このように、出版社と情報発信者と情報の受け手の三者の利害が三つ巴となって、現在、科学情報へのアクセス格差は世界で大変なことになっているのが現実である。資金のある大きな研究機関はアクセス格差社会の勝者であり、個人で研究するには多くの苦労を必要とする。

そしてもう一点、脱線をお許し願いたい。論文を書くことは、研究成果を後の世代に正確に伝えるという意味においてとても重要である。では、科学論文が公表される仕組みをご存じだろうか。

科学論文を公にするには、ある種のお作法がある。英語で書いた論文を科学者が読む専門雑誌に投稿する。すると編集長が2人以上の専門家にその論文が公表に値《あたい》するものか審査してもらう。雑誌によって、あるいは場合によっては審査員が3人から6人もいることすらある。彼らジャッジする専門家たちのことはレフェリー、またはレビューワーと呼ぶ。たいていの場合、2人（〜6人）の専門家が可と判断すれば、あとは文章の校正などを受けた後、掲載される。英語では、可のことをアクセプトと呼び、公表するに値しない不可はリジェクトと呼ばれる。何年研究者をやっていてもリジェクトされるとやはり悔しいもので、世の中でいちばん嫌いな言葉はリジェクトになったりする。そもそもリジェクトという言葉の響き自体が、嫌になる。

ちなみに誰が論文を審査しているかというと、たいていその分野に近い専門家なので、実はお互いに知っている人であることが多い。それをすべてが終わってからお酒の席などで耳にすることもある（本当は耳にしてはいけない）が、審査の過程ではレフェリーの情報は一切明らかにされないし、最近では審査する側も誰の論文かわからない状態で審査を依頼されることが多い。これは、いわゆる慣れ合いや権力による審査の不正を防ぐために発展してきた公平なシステムだと思う。このようなシステムになっているため、査読者が存在する専門雑誌の内容は、週刊誌や単行本、ネット情報などにくらべて信頼できるものと、一般的には考えられるのである。

さて、話を再び性選択にもどそう。次に紹介するのは、同性どうしの戦い、つまり多くの場合、メスをめぐってオスどうしが争うタイプの性選択——同性内選択である。この分野の研究に大きな貢献を果たしているものに、オスが角や顎《あご》をもつ甲虫《こうちゅう》がいる。

カブトムシの角は武器か、道具か

――日本では研究されなかったカブトムシ――

日本人なら誰しも子どもの頃にあこがれる生き物がいる。角をもった甲虫、カブトムシだ。オスには立派な角が生えているが、メスに角はない。

1871年にダーウィンは、クジャクのオスだけが派手な羽をもつ謎は性選択で解釈できると考えた。当然、カブトムシの角もこの性選択説で説明できそうだ。ところが19世紀には性選択説を誰もカブトムシで証明しようとはしなかった。日本のカブトムシのオスどうしがメスをめぐって争っていることを世界で最初に公表したのは、日本に留学したイギリス人であり、1987年のことである。

なぜ日本人研究者がカブトムシの行動を研究しなかったのか、そして論文として公にしなかったのか、その理由について研究者のあいだでまことしやかにささやかれる話がある。ぼくはそれが遠からず、あたっていると考えている。それは、昆虫の研究は日本では主として農学部で行われている、ということだ。どういうことだろうか？

イギリスでは農業を専門とする大学や研究所はいくつかある。ところが、多くの大学に農学部はない。自然科学（ナチュラル・サイエンス）だとか、最近では環境科学（エンバイロンメンタル・サイエンス）と呼ばれる、比較的、基礎的なことを学ぶ研究科で、昆虫の研究が行われている。そして、王立協会として伝統的に自然科学研究を支援する研究資金や、環境保護という枠組みのなかでの昆虫の生態研究に資金を援助する団体がある。

これに対して、日本では、遺伝学や生理学は古くから理学部にあった。そこでは研究の対象となる昆虫の種類はかなり自由だったが、変異がなく、実験したときに個体の差による違いが実験結果に影響しない研究生物が材料としてつかわれてきた。そのため、コオロギやショウジョウバエに実験材料が大きく偏《かたよ》っている。一方、野外の昆虫については、日本では伝統的に農学部における害虫防除の枠組みで研究がなされてきた。戦後の日本において、食糧の増産は国策であり、害虫防除のために昆虫の生態や行動を研究する必然性があったのだ。

ここに、農学部で害虫を材料としている研究者が、カブトムシを材料とするのに、なんだか気が引ける、という感覚が芽生えたのではないか、というのがその理由として話題になるのである。未解明のことを明らかにすることは人類にとって重要なのだ、という伝統と理解が浸透したイギリスにくらべて、新しく発見した事実が自分たちの暮らしにどのように役立つのかを常に問う日本の国民性の違いは確かにあるのだとぼくは思うし、応用研究機関で働きながら、どちらかといえば基礎的な生物学の研究にもアプローチしてきたぼくは、この感覚がいやおうなしに身に染まっている。

というわけで、いずれにしても、甲虫がもつ角の意味に魅せられた最初の科学者たちはイギリス人であった。そして日本の誇る角甲虫、カブトムシ研究の先陣をきったのもイギリス人であった。ちなみにイギリスにはカブトムシはいない。そのため甲虫のオスが角をもつ意味については、ほ乳類の糞の下に穴を掘って暮らすダイコクコガネ（の仲間）という糞虫を材料として、その議論が掘り下げられた。ダイコクコガネは日本にもいる。しかし、カブトムシと違って体の長さが2～3センチで、子どもたちが熱狂する大きさではない。また木から出る樹液ではなく、糞を食すため、子どもたちのお母さん方が、採集につきあって夏休みの宿題にすることはあまりふつうではない。

――角の意義をめぐる歴史――

甲虫の角の進化をめぐる研究にも、科学者の趣味とロマンを思わせる歴史がある。ダイコクコガネのオスがもつ角や顎は、同種のメスを獲得するために存在するのだと初めて公言したのは、英国のパルマー博士（インペリアルカレッジ野外研究所・シルウッド校舎）で、それは1978年のことだった。博士の勤めた研究所は、生態学の分野をリードする世界的に有名な場所で、ロンドンの郊外にあって静かで緑豊かな研究室である。

さて"Nature"誌に書かれたパルマー博士の論文を読むと、センチコガネの角やコガネムシの大きな前脚は、オスどうしの戦《いくさ》のための武器として進化した、と学会の要旨に書いたのは、ウィリアム（ビル）・ハミルトン博士だと告白している。だが、要旨ではなく論文としてそれを初めて書くのは私であると、パルマー博士は書いている。パルマーは、兎や羊や鹿の糞を食べて生きるセンチコガネのオスが、巣穴をめぐってほかのオスたちと頭をくっつけ合って戦い合う行動を生き生きと描写している。

「なぜ甲虫は角をもつのか？」についてほかにもアイデアがなかったのかといわれると、そうでもない。ダーウィンの盟友として第一章で紹介したアルフレッド・ラッセル・ウォレス（39ページ）は、1878年、オスの角は敵に対する防衛のために進化したのだといった。オスは捕食者に対して角や大顎で戦い、メスを守っているというのだ。さすが１８００年代、ジェントルマンの国、イギリスらしいと思ってしまう。当然のことながら甲虫のオスも、女性を守るジェントルマンとして描写されていた。時代というのは、生物学の解釈にも大きな影響を及ぼすものだ。

一方、甲虫の分類学者であったラミーレ博士は、１９０４年に書いた論文のなかで、オスの角は子どもを育てるための巣穴を掘るための道具であると決めつけている。「穴掘りの道具仮説」である。オスだけが穴を掘るという甲虫がいれば、この説はまんざら悪くはないかもしれない。ただし、もしオスが子育てのために穴を掘るのだとしたら、オスのほうが繁殖に関して貴重な性になるだろうから、そのような種ではメスがオスをめぐって争いかねない。そうすると、違う武器がメスに発達するのだろうか？　架空の話は確かに楽しいし、考え方の訓練にはなる。だがそのような甲虫をぼくは知らない。

しかし、甲虫のオスにみられる武器のような角や顎が穴掘りのためにあるというのは、ある意味では正しい。というのは、甲虫たちは森の木々から溢れ出る樹液を栄養として摂取して暮らしているが、この樹液を得るためには、木の幹に穴をあける必要がある。クワガタムシのオスに発達する大顎だが、多くの甲虫ではオスだけではなく、メスもオスにくらべると小さいが頑丈な顎をもっている。これらの顎をつかって木の幹に穴を掘り、樹液をしみださせる。そうして樹液が溢れ出るようになったその場所は、メスとオスの出会いの場所ともなり、オスどうしが戦う場所ともなったのである。

これとは別に、オスにだけとくに大きく発達した角は、体が大きくなることに対する副産物だと考えた研究者たちもいる。彼らは、生物の体の部位をひたすら測定し、角が発達した意味を考えつづけた。そのなかでも100編以上の甲虫の論文を書いたロンドン自然史博物館（英国）のギルバート・アロー博士（1873〜1948）は、オスはメスにくらべて体サイズが随分と大きいことに目をつけ、体の成長に付随する、いわば副産物として大きな角がオスには発達したと考えていた。

このように性選択説が提唱されたあとでも、長いあいだ甲虫の角にみられる性による差の意味は議論の的だった。

しかし、角にしろ、大顎にしろ、オスがなににつかっているのか、野外で自分の目で確かめないことには、確実なことはいえないのだ。

——戦う甲虫研究の父——

パルマー博士がメスをめぐる闘争のためにオスの角が発達したのだと世界で初めて文章に

した頃、一人のアメリカ人研究者が猛然と、ひたすら野外において甲虫の角の研究を推し進めていた。戦う甲虫研究の父ともいえるビル・エバーハード博士である。彼はコスタリカにあるスミソニアン博物館に勤務して、角をもつ甲虫の観察に没頭した。彼は、戦う角甲虫を科学した研究者の歴史のなかで異彩を放つ、きわめつけのナチュラリストである。

額《ひたい》の真ん中にライトのついたベルトを巻き、野外で甲虫の戦いを熱心に観察する彼の姿は有名だ。多くの行動研究者が、昆虫を屋内にもち帰って行動を調べ、サンプル数を多くして論文をたくさん書いて、キャリアを積まなければならない現代の就職事情（そうとも限らないこともあるにはあるのだが）があるなか、エバーハード博士は、野外での昆虫観察に没頭した。彼はクモと甲虫がとくにお気に入りであり、野外での観察結果について実に多くの論文を発表している。たとえば、南アメリカに棲むノコギリタテヅノカブトムシは、長い脚で竹の幹をしっかりとつかんで体を固定し、互いに押し合い、角を相手の体の下に潜り込ませて相手を投げ飛ばす闘争行動を示すことを、エバーハード博士は絵として描写している。

彼のように、野外において角甲虫の戦いを観察しつづけた研究者はそれほど多くない。最近では日本の本郷儀人《ほんごうよしひと》博士（立命館大学）が、夏の夜のあいだは、ずっと野外でカブトムシやクワガタムシの闘争行動を観察しつづけている。そしてクワガタムシでは、まるで相撲の決まり手のごとく、上手《うわて》投げや下手《したて》投げといった技があることを明らかにしている。

さて、コスタリカのエバーハード博士である。昆虫の行動を野外で観察することが大好きだったエバーハード博士は、生物学者に新しい謎をつきつけた。それがオスに2つのタイプが存在するという事実だった。

博士は、サトウキビの幹に穴を掘って、そこに巣をつくるアゲノールサイカブトを観察した。オスは巣穴で待ちつづけ、メスがやってくると、交尾をして卵を産んでもらうためにその巣穴に招き入れる。ところが、違うオスがやってくると、そのオスと戦う。角をつかってオスどうし争い、勝ったオスが巣穴の主になる。せっかく掘った巣穴でも、力が弱ければ乗っ取られる。

博士は、このカブトムシのオスには2つのタイプがあることを発見した。これは、いまでは広く知られている「戦う生物には、戦うものと戦わないものの2つのタイプが存在する」という生物学的に汎用な事実だった。このことは1980年に公にされた。メスには2つのタイプはみられない。オスだけ、大きな体と角をもつタイプと小さな体と角をもつタイプの2つに分かれているのだ。サイカブトでは、サイズの大きな大型のオスは巣穴をめぐる戦いに明け暮れて、勝利したものだけが巣穴にやってくるメスと交尾して子孫をつくる。ところが、小さなタイプも、大きなタイプよりは数は少ないものの一定の数がいる。一定の数の小さなタイプが、常にみられるのはなぜだろうか？　彼らはどうやって子孫を残しているのだろうか？

広がるサトウキビの栽培地帯のなかに、とある繁殖するための場所がある。十分に気温が高くなりはじめ子どもの発育に適した頃合いになると、その場所には繁殖のためにサイカブトのメスとオスが集まってくる。体の大きなオスは、メスがたくさん集まってくるピークの時期にやってきて、巣穴を掘ってオスどうし闘争し合う。戦いに勝った者は巣穴にメスを招き入れ、自分の子どもを残すことができる。

一方、小さなオスは、繁殖シーズンの早い時期にサトウキビ畑に出現して、たまたま少し早めにこの繁殖場所に現れたメスと、ほかのオスと戦わずして交尾しようとしていた。また小さなオスたちは、繁殖地の周辺にもよく現れる。オスどうしが戦いに明け暮れる繁殖の中心を避けて周辺を漂うメスだって、少数派ではあるが存在するのだ。小さなオスたちは、このようなメスたちを狙って、繁殖地の周辺を徘徊しているのだ。エバーハード博士は、この状況を（運の）悪い奴らを最善にさせるやり方 "making the best of the bad lot" と評した。この一文は、１９８２年に "The American Naturalist" という雑誌に発表された論文のタイトルにもなっている。

そうなのである。大きく育てなかったもの（甲虫の体サイズは、大半は彼らが幼虫のときに育った土壌のなかに含まれている栄養条件で決まる）が最善を尽くすための方法が、隙間を狙ったメス獲得術だと博士は考えたのだ。甲虫界にいまなお君臨しつづける偉大なナチュラリストであるエバーハード博士は、角甲虫のほかにも、クモの巣の網の意義や、カメムシのオスどうしの闘争や、オスの生殖器とメスの生殖器のかたちをめぐる進化について多くの研究を行っている。彼の自然に対する興味は尽きないのだ。いまでも、世界中で甲虫を科学する研究者たちのご意見番のような存在として、コスタリカのスミソニアン研究所で生き物の観察を続けている。

――オスという性の2つの生き方――

１９９０年代後半から２０００年代前半にかけて、このような小さなオスが、自分が背負った悪い運命をなるべくベストにしているという消極的な考えでなく、その小ささを進んで利用して、戦う以外の方法で生き延びる術を進化させたのだ、という事実が明らかにされてきた。この考え方を決定づける主役級の甲虫は、エンマコガネの一種であり、それは属に糞虫と呼ばれる。動物の糞の下に巣穴を掘って、そこで子どもを育てるのだが、体が金属光沢色に光って、とてもきれいだったりする。

エンマコガネを材料として、次々と興味深い研究を進めたのは、モンタナ大学のダグラス・エムレン教授だ。エンマコガネの体サイズの分布を調べると、大きなサイズのオスと、小さなサイズのオスの2つの集団にきれいに分かれる。大きなオスは巣穴をめぐって、その発達した角をつかって争いに明け暮れる。戦いに勝ったオスが巣穴を防衛し、また巣穴を乗っ取ることができる。ところが小さなオスは決して争わない。彼らは、体が小さいため動きが俊敏である。小さなオスは、争いに夢中になっている2匹の大きなオスの近くにじっと潜伏している。そして、争っているオスから少し離れたところにいるメスにすり寄っていって、俊敏にマウントし、迅速に射精をするのだ。こうして彼らは、自分の遺伝子を次世代に残している。

小さな彼らにはもうひとつのやり口がある。それが**トンネル・スニーキング**と呼ばれる行動だ。メスは子どもを育てるためのトンネルを糞の下に掘る。この巣穴の近くに、小さなオスは別の穴を掘るのだ。そして、おそらく音を頼りにしてメスの棲む巣穴の近くにまで自分の穴を掘り進め、そのメスに子どもを産ませた大きなオスが油断しているその瞬間に、メスの穴に自分のトンネルを貫通させて、ダダーと巣穴になだれ込んで、俊敏にメスに寄り添って射精してしまうのである。もちろん、射精が終わると自分の穴からスタコラさっさと逃げてしまう。こうして、大きなオスの知らぬ間に、小さなオスの遺伝子はメスの体のなかで生きつづけるのだ。このようなやり方は、どうやら遺伝的な振る舞いとしてインプットされて、世代を超えて受け継がれていくようである。そのため、この虫では大きなオスと小さなオスという2つのタイプが、いつまでも存在しつづけるのである。

ダグラス・エムレン博士と彼の同僚たちは、現在、角甲虫を調べている世界中の研究者とネットワークをつくり、世界に生息する様々な角や大顎をもった甲虫たちの姿形や振る舞いや、角をつくる遺伝子の仕組みについて、精力的に研究を続けている。

オスとメスの対立

――精子競争の世界――

昆虫のメスの体のなかには、精子を貯めておく袋（受精嚢《のう》）がある。交尾をするとメスはこの袋のなかを精子で満たして、卵を産むたびに少しずつ精子をつかって受精させる。受精させないと卵は孵化しないからだ。精子は数日から数か月ほどの長いあいだ、この袋のなかで生きている。もっとも長く生きる精子はいまのところアリでみられる。オオハリアリというアリの女王の体のなかで、なんとも10年以上も精子が生きつづけることを発見したのは、琉球大学の後藤彩子博士だ。10年以上も精子が生きつづけられるのは、精子を貯めておく袋のなかでの精子の動きに関係があるようで、博士はいまも研究を続けている。

さて、10年とはいかないまでも、多くの昆虫のオスの精子は、メスの体のなかで生かされている。そのためメスは1回だけ交尾をすれば十分なように思える。体のなかに貯めた精子を少しずつ受精に使えばよいのだから。ところが、多くの種類で、メスは何度も相手を変えて交尾を繰り返すのだ。これはかなり不思議なことである。というのは、交尾という行為はメスにとって実は危険がつきものなのだ。まず、交尾をしているあいだは無防備になるし、交尾相手のオスとくっついたまま動かなければならない。敵に襲われたときにとっさに逃げることができないのだ。交尾によって病気に感染する危険性だってある。昆虫に寄生するウイルスや細菌もあり、人と同じように、交尾を介して感染する病気は結構多いのだ。

こんなに危険がいっぱいな交尾なのに、そして卵を産むためだけならば1回の交尾で十分なのに、なぜメスは複数のオスと交尾をするのか。これは、現在の生物学者にも解けていない大きな謎のひとつでありつづけている。もちろん仮説は存在する。たとえば、オスのなかにはたまに性的に（受精にあたりという意味だが）不能のものがいる。そんなオスとの交尾に対する保険として多数回の交尾が進化したというのが、いまのところもっとも納得できる説のように思える。そのほかにも、1匹のオスとだけ交尾をしていては、子どもに著しい多様性は生まれない。いろいろなオスと交尾することで、いろいろなタイプの子どもを授かることができ、それだけ将来の環境変化に備えられる、という考えもある。

オスが婚姻のためにプレゼントを渡したり、交尾を行うときにメスに渡す精包と呼ばれる精子を包んだ袋のなかに栄養がいっぱいつまっていて、メスは交尾をすればするほど、オスから栄養をもらえる、という種類の昆虫では、多くのオスと交尾をするのは、直接に利益があるため、当然そのようなシステムが進化する。これは婚姻のためにプレゼントを渡す捕食性のハエや、精包をもつコオロギやバッタなどで見受けられる。一般に、エサとなる資源の少ない状態で暮らしている生物には、オスからメスに栄養が渡され、その見返りとしてメスはオスとの交尾を許すという種類が多い。

――交尾後の性選択――

さて、メスが2匹よりも多いオスと交尾をするとなにがおこるのだろうか？　メスの膣内で複数のオスが射精した精子が混じり合うということが、当然のことながら生じる。ダーウィンの時代には、そこまでの考えにいたらず、繁殖を遂行できたか否かのゴールは交尾であった。したがって、性選択も交尾できるかどうかだけを考えれば問題なかった。

ところが、精子競争の父、ゲオフ・パーカー教授（英国リバプール大学）の登場以来、性選択をめぐる状況は一変することになった。交尾後も性選択は続いているのである。

昆虫のメスには精子を貯めておく袋があると書いたが、この袋のなかで、2匹以上のオスの精子が卵の受精をめぐって競争することを**精子間競争**と呼ぶ。精子間競争について、初めてまとまった本が出版されたのは、1998年のことであり、17人の著者によるその論文集の名前は、『精子間競争と性選択』だった。しかし、ゲオフ・パーカー教授は1970年には精子間競争という言葉をつかって、その可能性をすでに示していた。その後の研究によって、精子どうしの争いにはいろいろなかたちがあることが示された。その争い方を大きく分けると、メスが2匹のオスと交尾する場合に、最初に交尾したオスが採択するディフェンス（防衛）としての戦略と、2回目に交尾したオスが採択するオフェンス（攻撃）としての戦略がある。

ディフェンスとしての戦略には、メスの生殖器にオスが射精物で栓をしてしまう、いわゆる貞操帯作戦がある。チョウチョでよくみられる作戦だ。また長い時間交尾したままでいる昆虫は、たいていの場合、そのメスをほかのオスに乗っ取られないように、自分自身が栓となって、メスが卵を産むまでメスの浮気を防ぐ。ミバエでは一晩、カメムシの仲間では1週間、ナナフシの仲間にいたっては2週間もメスと番ったまま過ごすオスがいる。メスにとってはなんともやっかいなオスだが、ほかのオスからそのメスを乗っ取られないようにするために、必死なオスの姿がそこにはあるのだ。そのほかにディフェンスとして機能するものに、交尾相手のメスがほかのオスと交尾する意欲をそぐ化学物質を交尾のときに送り込むハエなどがいる（後述、105ページ）。

一方、2番目に交尾するオスのオフェンスとしては、イトトンボなどで有名だが、精子を貯めておく袋に返しのトゲのついた自分の生殖器を入れて、前夫の精子をグルグルと掻き出したあとに、自分の精子を注入する方法がある。

こういった一見不思議な、自分の遺伝子を残すためのオスの行動は、様々な精子間競争というかたちとなって進化している。

――メスとオスの戦い――

交尾後の性選択は、同性内、つまりオスどうしが争うタイプだけではない。異性間、つまりメスがオスを選ぶタイプの交尾後の性選択も存在する。メスは、自分の袋に貯めた複数のオスの精子のうち、どのオスの精子を受精につかうのか、選り好みをしているのだ。このメスによる**クリプティック**（隠れた、という意味）な性選択の可能性をまとめて出版したのは、再び、あの戦う甲虫研究の父であるビル・エバーハード博士であった。1996年に博士は『メスの操作――メスによる隠れた選択』という本を書いて、メスの体のなかでおきているであろうクリプティックな選択について指摘をしている。ついに性選択は、メスの体のなかにまでその現場が及んだのである。

1990年代に入ると、メスによる選択、オスの二型、精子間競争など次々と新しいトピックスを提供してきた性選択の研究に、もはや新たな展開はないのかと思えた。そんなとき、性選択の枠組みをひっくり返すような、新しい考え方が登場したのだ。主に2000年以降、メスとオスをめぐる生物学研究でスポットライトをあびてきたのが、メスとオスの戦い、すなわち**性的対立**である。

女性をめぐって男どうしが戦うのは、歴史を遡《さかのぼ》っても明らかだ。有名なクレオパトラのほかに、神話に出てくるトロイア戦争のヘレネや、中国明代末期の陳円円など、絶世と謳われた美女はときに戦火の種にもなる。異性をめぐる同性どうしの戦いは、ゾウアザラシや鹿やカブトムシなどヒト以外の生物を見渡しても、あまねく満ち溢れている。ここで紹介するのは、しかしメスとオスの戦いだ。女性と男性のいざこざ？　そんなものはどこの家庭でも多少なりともみられるとお思いだろう。

だが、生物が示すオスとメスの戦いは、そんな生やさしいものではない。たとえばショウジョウバエやカメムシのオスは、精液に交尾相手のメスの寿命を縮ませる毒物質を含ませている。オスの性器に生えたトゲによって、マメゾウムシのメスは生殖器を激しく傷つけられ早く死んでしまう。オスがメスのお腹に直接穴をあけて生殖器を挿入して精液を注入するトコジラミでは、何度も交尾をするとメスは早く死んでしまう。こういったオスの暴挙と思える生殖行為に対して、メスも生殖器の壁を厚くしたり、交尾頻度を抑制したりと様々な対抗策を発達させている。つまり、メスとオスは協力してともに進化するだけではなく、両者のあいだで軍拡競走が進化する場合もあるのだ。こうした現象を性的対立と呼ぶ。

なぜ生物進化は、このような衝撃的な「性的対立」をもたらしたのだろうか？　性的対立という概念が生まれた背景から、この研究の歴史について語ってみたい。

――共進化できないメスとオス――

いくつかの生物において、メスとオスが協力して子を残すという前提は、この20年のあいだに崩れ去った。つまり、交尾を行うことがメスにとって「損失」になる場合があるというのだ。このとき、交尾から可能な限り逃げるメスが進化し、そのようなメスに対して強制的に交尾をしようとするオスがより多くの子どもを残すという性的対立(軍拡競争)が生じる。

性的対立という用語を初めて理論的に提示したのは、リバプール大学のゲオフ・パーカー教授であり、それは1979年に発刊された論文集のなかにおさめられている。アカデミック・プレスから刊行された『昆虫における性選択と繁殖競争』と名づけられたこの論文集は、パーカー教授のほかにも、後に有名となる数多の研究者が執筆陣として名を連ねている。たとえば、社会性昆虫において、自分は子どもを残さず姉を助ける働き蜂がなぜ進化できたのか、というダーウィンが解けなかった謎を明らかにしたウィリアム・ハミルトン博士、ガガンボモドキの婚姻給餌を発見したランディー・ソーンヒル博士、角のあるカブトムシのオスの体サイズには二型があることを初めて報告したビル・エバーハード博士や、動物行動学の教科書を執筆したことで知られるジョン・オルコック博士といった具合である。

パーカー教授の担当した章は、「性選択と性的対立」というタイトルで、繁殖をめぐってメスとオスの利害が対立する局面が理論的に存在することが示されている。実は、繁殖をめぐってメスオスの利害が対立するという報告は、1948年にアンガス・ジョン・ベイトマン博士（1919〜1996、英国ジョン・インズ園芸学研究所）がキイロショウジョウバエをつかって行った実験にその発端を見出すことができる。博士は、繁殖に対する投資を、見返りとして自分の子どもを何個体残せるかという適応度に置き換えると、メスとオスで根本的に異なることを実証している。これを**ベイトマンの定理**と呼ぶ。ベイトマン博士は、オスに3匹のメスと交尾させた場合と、メスに3匹のオスと交尾させた場合では、前者ではオスの子どもが直線的に増えるが、後者ではメスは1匹のオスと交尾させても3匹のオスと交尾させても、次世代に残せる子どもの数は同じだという実験結果を示した。つまり後代に残せる子どもの数において、オスとメスの利害は根本的に一致しない。よく考えれば、無限に近い精子を生産できる「オスという性」と、限られた資源である卵を生産する「メスという性」の本質上、利害の不一致は当然のことのように思える。

ベイトマンの定理から、トリヴァーズ博士（ハーバード大学）は、子に対する投資をめぐって両親が対立する場面があると主張し、この対立についてメスオスをめぐるあらゆる繁殖の局面への一般化を試みようとしたのがパーカー教授だった。

——毒となる精液——

1979年にパーカー博士による先駆的な論文が発表されたにも関わらず、性的対立の実証研究は1990年代の後半まで現れない。1995年に“Nature”誌に公表されたロンドン大学（UCL）のリンダ・パートリッジ教授のグループによるキイロショウジョウバエを用いた発見は、性的対立を世界のひのき舞台に立たせることになる。

繁殖と寿命には二律背反の関係があること、そしてエイジングの謎に興味をもって、長いあいだ研究を続けてきたパートリッジ教授は、当時、繁殖のコストについて地道な研究を続けていた。繁殖のコストは、蔵卵、交尾、産卵など複数の要因にわけることができる。ハエのメスでは多くの卵を産んだメスのほうが、産まないメスにくらべて寿命が短い。これは明らかな繁殖のコストである。ところが交尾をさせてから産卵を抑制したメスでも、交尾もさせず産卵もさせないメスにくらべると、寿命が短いのである。このことから教授は、交尾自体のコストについて精査すべきだと考えていた。

当時、教授のもとでポスドクをしていたトレーシー・チャップマン博士（現在は、イースト・アングリア大学教授）は、キイロショウジョウバエのオスの射精液のなかに、メスの寿命を短くするタンパク質が含まれることを発見した。そしてこの物質はオスの付属腺に含まれていて、交尾の際にオスは精子とともにこの毒をメスに注入しているのであった。この発見は1995年に“Nature”誌に公表され、生物学者たちの度肝を抜いた。

博士はオスと同居させないメス、生殖器官を焼いて交尾できないようにしたオスと同居させたメス、そして精子と精液物質をもたない突然変異のオスと同居させたメス、交尾の際に付属腺物質だけをメスに送り込む突然変異のオスと同居させたメス、それぞれのメスの寿命に違いがあるのかを調べた。これらのメスはいずれも精子を注入されないので産卵はしない。

この実験結果は明快だった。付属腺物質だけを送り込むオスと交尾したメスは、ほかの系統のオスと交尾したメスや、交尾しなかったメスよりも寿命が1週間ほども短かった。ショウジョウバエの寿命は40日程度なので、７日も寿命が短くなるのは大きな影響だ。さらに博士らは、付属腺物質の保有量が３段階も異なるオスの系統を作成し、そのオスたちと交尾させたメスの寿命を比較した。その結果、付属腺物質をより多く送り込まれたメスほど寿命が短かったのだ。これは交尾をすませたオスにとっては適応的である。なぜならメスの寿命が１週間程度短くなったところで、そのオスの精子はほとんど産卵につかわれてしまっているからだ。

この毒物質に興味をもったウィリアム・ライス教授（カリフォルニア大学サンタバーバラ校）は、キイロショウジョウバエを用いて巧妙な進化実験を行った。メスとオスを１匹ずつ同居させて何世代も飼育した単婚系統と、複数のオスと１匹のメスを同居させて何世代も飼育した乱婚系統を作成したのだ。そして乱婚系統のオスと単婚系統のメスを交尾させると、単婚系統のオスと交尾させたときにくらべて寿命が短くなった。

最近では、付属腺から分泌されるACPs（アクセサリー・グランド・タンパク質）と呼ばれる複数のタンパク物質について、毒をもつ物質や、これらのタンパク質の生成に関与する遺伝子配列の解析が進められている。これまでにACPsは、交尾したメスにとって毒物質となるほかに、受精嚢（精子を貯める袋）内のほかのオスの精子を殺す作用や、交尾したメスの排卵や産卵を促す効果のほか、殺菌効果など、多くの機能をもつことが知られている。

ACPsに関与する遺伝子は、ほかの遺伝子にくらべて塩基配列の置き換わる速度が速いことなどが示唆され、性的対立に関わる形質は素早く進化するとも考えられている。

――交尾意欲の減退――

ぼくは1997年から1998年にかけて、トレーシー・チャップマン博士とともに、チチュウカイミバエというハエのオスの精液に含まれる、メスの交尾意欲をそぐ物質について研究したことがある。なぜぼくがそんな研究に携わることになったのか？　その詳細については第三章で書くことにする。1995年に世界の度肝を抜いた精液の毒物質の研究で世界のフロントに立っていた研究室は、その頃も大変活気があった。

生物のオスは交尾の際にメスに精液を送る。この精液には精子とともに、付属腺と呼ばれるオスの器官で作成される液体も含まれる。精液に含まれるこの液体がくせ者で、メスの行動を操作してしまうとんでもない化学的なメッセージが含まれている。たとえば、この液体を吸収したメスでは、排卵が促されてたくさんの卵を生産できるようになり、驚くべきことに、ほかのオスと交尾する意欲を減退させられる。つまりこの物質は、オスが自分の子孫を多く残すために進化させたものなのである。

パートリッジ教授はポスドクだったチャップマン博士とぼくとともに、果実の害虫として多くの国で甚大な被害をもたらしているチチュウカイミバエというハエ（日本には侵入していない）のオスが、精液のなかに、メスの交尾意欲を減退させる物質を含ませているのではないか、ということを調べるプロジェクトをスタートさせた。ぼくは沖縄県のミバエ根絶事業に携わりながら、1年のあいだ休職という身分で英国に渡航したのだが、その間、沖縄県の人材育成財団から、休職分の手当てに相当する資金を借り受けることができた（後に返済した）。若者に留学を経験させる制度は、やはりいいものであり、ぼくはこの制度に感謝している。

さて、1年のあいだにぼくたちが明らかにしたことは、チチュウカイミバエのオスは、再びほかのオスと交尾をする意欲を減退させるような化学物質をメスに送っているという事実だった。つまり、オスはメスに浮気防止のためのメッセージを物質として送っているということだ。これも付属腺でつくられるACPsという化学物質の一種だろうと推察された。チチュウカイミバエでは、ACPsのほかに、オスからメスに受け渡される精子自体も、メスの再交尾を抑制する効果をもつことがわかった。つまり、オスはメスの浮気を防ぐために2つの手段を進化させていることになる。なぜ2つのシグナルが必要なのかはいまでもわかっていないが、メスの交尾意欲を下げるために、確かに2つの手段をチチュウカイミバエのオスがもっているという事実は、その後、世界の何人もの研究者たちによって追試され、再現されている。

交尾意欲を減退させるだけではない。その後の、蔵卵や産卵を促したりする化学物質も昆虫のオスはメスに送り込むことが、ハエのほかに甲虫でも明らかにされている。昆虫のオスは交尾のときに、メスのその後の行動を変えさせるたくさんの化学物質を送り込んでいることが、いまでは明らかにされているのだ。

さて、そのような送り込まれる化学物質のなかに、メスの寿命を短くする物質がキイロショウジョウバエでは発見された。そしてさらに、メスとオスの利害の対立は、毒物質のほかにも発見されたのだ。

——生殖器にみられるメスとオスの攻防——

衝撃的な毒物質に続いて、生物学者も目を疑いたくなるような論文が2000年に"Nature"誌に掲載された。無数のトゲが生えたヨツモンマメゾウムシのオスの生殖器と、交尾する際にこのトゲによって傷ついたメスの生殖器の写真だった。マウントされたこの種のメスは交尾後、すぐに後脚で乗っかっているオスを激しくキックする。シェフィールド大学

（イギリス）のマイク・シバ・ジョシー教授は、後脚を切除したマメゾウムシのメスは、切除していないメスよりも交尾後の寿命が短いことを実験で示した。

ウプサラ大学（スウェーデン）のアンクウィスト教授らが、複数種のマメゾウムシを集めて調べたところ、オスの生殖器官に生えたトゲの多い種類ほど、メスの生殖器官の壁が厚いことがわかった。また同じヨツモンマメゾウムシの異なる集団のあいだでは、オスの生殖器に生えたトゲのより発達した集団ほど、より多くメスの卵を受精できるという結果も得られている。最近では、マメゾウムシのメスが、交尾を迫られたときにオスをキックする行動が、メスの抵抗なのか、それともオスにより多くの精子を射精するように要求する意図をもつものなのか、西オーストラリア大学のジョー・トムキンス教授らがその判定をするべく実験を行っている。教授らの研究によれば、メスがどれだけの時間オスをキックするのかは、キックされるオスがそれまでに経験した交尾の数と関係がある。驚くべきことに、キックするメスの経験とは関係がなかったのだ。そのため、メスのキック行動自体が、オスによって制御されていると考えるのが自然だというのが、2014年時点の最新の考え方である。

――進化する大顎、運命の虫――

ぼくたちの研究室（岡山大学）では、オスとメスの利害の対立が遺伝的に解消されていないという事例を、院生だった原野智広博士（現在総研大葉山）らがオオツノコクヌストモドキという昆虫をつかって検証した。いまや世界の甲虫界において、武器の進化のモデル昆虫として一躍スターとなったオオツノコクヌストモドキだ。

この甲虫は、オスにのみ大顎が発達していて、メスをめぐって激しく争う。ぼくが初めてこの甲虫をみたのは2003年3月のことで、つくばにある食品に関する研究所でのことだった。研究所の宮ノ下《みやのした》明大《あきひろ》博士（食品総合研究所）は、この甲虫のオスのかたちには個体に変異があり、異なるタイプがあるように思うと話されていた。

卒業研究でオスどうしの戦いの武器として後脚をつかうヘリカメムシを研究して、オスどうしの研究の醍醐味を深く味わったぼくは、その後、沖縄県職員としてウリミバエの研究をしていた。研究材料となったウリミバエは何世代も飼うことができて、遺伝による進化を追跡するにはうってつけの研究材料だった（そのカメムシは何世代にもわたって飼うことができなかった）。ところが、ウリミバエのオスは武器をもたない。「ふたつよいことさてないものよ」とは、心理学者の河合隼雄による名著『こころの処方箋』に出てくる言葉だが、研究材料も似通ったところがあり、進化現象を追えるほど何世代も容易に飼育できて、しかもオスに武器がある昆虫は見渡す限りそれほどいるものとは思えなかった。そんなおりの、オオツノコクヌストモドキとの出会いである。

この甲虫は、何世代も小麦粉だけで容易に飼いつづけることができ、しかもオスには発達した大顎と角などの武器があり、しかも近い仲間のコクヌストモドキは、その遺伝子配列までよく解析されている、分子生物学のモデルとなる生き物である。「武器の進化について、これほどまでに将来的に展望があって、格好の材料が果たしてあったのだ！　この材料があれば、いずれ世界をあっといわせるオス間闘争の研究ができる」という感嘆とともに、つくばから岡山にオオツノコクヌストモドキをもち帰ったのがまるで昨日のことのようだ。

さらにぼくをとても驚かせた逸話がある。つくばから岡山大学に持参したオオツノコクヌストモドキだが、宮ノ下博士によれば、この甲虫はもともとは岡山大学から分けてもらったもの、とのこと。ことの真相はこうだ。僕の先代の、それまた先代の先生に吉田敏治《よしだとしはる》教授という人がいた。この人は、米や麦を加害する昆虫の大家であったため、小麦の害虫であるオオツノコクヌストモドキを1960年に宮崎市で採集したという。それが、吉田教授の学生によって岡山大で飼育されつづけ、教授の定年後につくばの食品総合研究所に移され、そこで飼いつづけられた。1985年頃のことだ。そして、2003年、18年の歳月を経て再び、ぼくが岡山大学に里帰りさせたというわけである。なにかの因縁を感じたのはいうまでもない。運命の虫である。

ぼくたちはこの甲虫の大顎の長さに対して、人為的に選抜をかけてみた。つまりより大きな大顎をもつオスの集団（L）と、より小さな大顎しかもたないオスの集団（S）を、10世代以上にわたって育種したのである。L集団のオスは上半身（顎や前脚や頭）がたくましく発達してファイターのような体つきになり、行動も好戦的になった。闘争心がより強くなったのだ。ところが腹部は相対的に小さくなり、精巣サイズが小さくなった。一方、S集団のオスの上半身はスレンダーになったが、腹部は長くなり、相対的な精巣サイズも大きくなったが、闘争心は小さくなった。そしてS集団のオスはよく飛翔するようになり、L集団のオスは動かなくなって縄張り防衛型となった。実際にメスと交尾させてみると、LオスよりもSオスのほうが多くの精子を射精した。

さて、L集団とS集団のメスの体格はどうなったであろうか？　オスがファイター型となった集団のメスは、やはりボディービルダーのような体つきになって腹部が小さくなった。メスにとってはこれが問題で、小さな卵巣しかもてないため産卵数が少なくなった。一方、スレンダータイプとなったS集団のメスは、体の大きな割合を腹部が占め、その結果として多くの卵を産卵できた。LとSのメスでは産む子どもの性比も異なった。多くの卵を産めないファイタータイプのメスは息子を、スレンダータイプのメスは多くの娘を産んだのだ。

遺伝子から性的対立を眺めると、２つのタイプの対立がみえてくる。ひとつはメスとオスで異なる性質や器官を支配する遺伝子に対立がみられる場合で、たとえば精液のなかに含まれる毒物質に関与するオスの遺伝子と、寿命を縮める交尾を拒否しようとするメスの遺伝子があげられる。このタイプの対立は**遺伝子座間性的対立**と呼ばれる。もうひとつの対立が、メスとオスの同じ形質を支配する遺伝子どうしで対立が生じているもので**遺伝子座内性的対立**と呼ばれる。オオツノコクヌストモドキの性的対立はこれにあてはまる。ちなみにオオツノコクヌストモドキは、２０１４年現在、日本のいくつかの大学ではもちろんのこと、アメリカとイギリスにおいて、新たな武器甲虫のモデルとして、世界の論文誌上で活躍する昆虫となっている。

――愛が憎しみに変わり、そして種ができる――

地理的に隔離された集団では、交尾に対する活力が異なることがある。分散力の弱い隔離された集団のあいだでは異なる性質が独自に進化しやすいことは、ヒトの方言や地域文化の成り立ちを考えると理解しやすい。ある集団ではオスの交尾に対する積極性が高くなり、メスにとってはそれがコストとなる結果、その集団のメスは交尾を拒否する力が高くなる。別の集団ではオスはそれほど交尾に固執せず、メスもオスを簡単に受け入れやすい。このような状況では、性的対立が生殖隔離に深く関与している。生殖隔離とは、有性生殖を行う2つの集団のあいだで交配が生じていない状況のことだ。

性的対立が種分化にも影響を及ぼす可能性は、1998年にはすでに指摘されていた。それを理論的な視点から指摘したのは、精子間競争の父であるゲオフ・パーカー教授とリンダ・パートリッジ教授である。

生物たちが暮らしている環境の違いが、性的対立のレベルにまで影響することを進化的タイムスケールで示した実験が、2014年になって発表された。

オタワ大学（カナダ）のアグラワル教授たちの研究グループは、エタノールを加えたエサとカドミウムを加えたエサの上で、キイロショウジョウバエと呼ばれる小さなハエを数十世代飼いつづけた。そうすると、別の培地で改めて飼育したときに、エタノールに適応した集団のメスとオスは、カドミウムで育ったメスとオスにくらべて寿命が短くなっていた。両者のオスとメスを入れ替えて、番いにさせ、交尾相手となったメスの寿命をくらべてみた。すると、エタノールに適応したメスにカドミウムに適応したオスと交尾させても寿命は変わらなかったが、反対の場合、つまりカドミウムに適応させたメスにエタノールに適応させたオスと交尾させた場合には、メスの寿命がずっと短くなったのだ。つまり、エタノールに適応したオスは有害なオスであり、エタノールに適応したメスはそのようなオスに対して抵抗性を発達させていたのだ。

この研究は、生物の育った生態学的な背景が、オスとメスの対立のレベルを変えるということを、実験室で証明したという意味でとても興味深い。だがこの実験は、なぜエタノール培地で育つと、交尾相手にとって有害なオスと、それに対して抵抗的なメスが進化するのか、というメカニズムについてはなにも語っていない。進化生態学という立場からこの実験をみつめなおすと、結果自体はとても面白いのだが、そのメカニズムがわからないのでイライラしてしまうのだ。生理生化学の研究者と、進化生態学の研究者が、今後自らのもつ異なる技術や研究手法や学問の背景に存在するものなどの垣根を取っ払って、手と手を結んでタッグを組めば、解決して、より新しい研究が現れるはずだと、ぼくは思う。

さて、キイロショウジョウバエが室内の異なる培地でおこしたような、生息場所が変われば性的対立のレベルが変わるなんてことが、野外の生物においてもみられるのだろうか？それが案外ふつうにみられるのではないか、という観察事例が２０００年以降増えてきたのである。

北海道に生息するフキバッタは、同じ種類のバッタ集団であっても、複数の地域で交尾に対して異なる性質が進化してきたという研究が、北海道大学の秋元信一《あきもとしんいち》教授らによって展開されている。フキバッタの仲間は翅の退化したものが多く、飛ぶのが下手だ。北海道には同じフキバッタでも、生息する場所によって、遺伝的に異なる性質をもったものがみつかった。たとえば北海道の東部には染色体がXYのバッタが生息し、西部では染色体がXOの集団が30年も前から暮らしている。東部のオスは交尾に対してとても積極的で、逆にメスはオスからの交尾の試みに対してとても激しく抵抗する。これに対して西部のバッタたちはおしとやかである。オスはあまり交尾をしたがらないようにみえる。メスはオスに交尾を迫られると、いやがらずに受け入れる。

こうした交尾に対する態度がまったく異なる2つの集団が出会う場所がある。東部と西部の緩衝地帯である。この地域で、交尾に積極的な東部のオスはおとなしい西部のメスと頻繁に交尾する。そしてガシガシと音が鳴るほどに激しいオスによる強い交尾のため、西部のメスは翅がやぶれたり、体に傷がついてしまうという。逆に、交尾に消極的な西部のオスと、交尾をしたがらない東部のメスが出会っても交尾にはいたらない。さらに教授らは、北海道の別の地域からもこのバッタを採集し、集団どうしで交尾をさせてみたところ、地域によって、オスがより交尾をしたがる地域のメスはより交尾に抵抗的であり、交尾に積極的でないオスがいる地域のメスは交尾を積極的に受け入れることがわかってきた。

同じような関係は、イネ科植物の種子を食べるコバネヒョウタンナガカメムシという種類でもみられる。これは岡山大学の日室千尋《ひむろちひろ》博士による研究である。このカメムシは、岡山で採集されたオスは交尾に積極的で、メスは交尾に抵抗的である。一方、京都で採集したオスは交尾に消極的で、メスは交尾を素直に受け入れる。京都と岡山の雌雄を組み替えて交尾を行わせると、岡山のオスと交尾した京都のメスは、ほかのオスとの交尾を強く拒否するようになり、しかもあっさりと死んでしまったのである。京都のオスと交尾したメスでは、そのようなことは生じなかった。

このように、棲んでいる場所が異なる集団では、交尾に対する興味がまったく異なることがあるということが最近になってわかってきた。ただし、このような現象が生じる生物にはある共通点がある。その鍵は、その生物の分散力である。たとえば、右に書いたバッタやカメムシは、双方とも翅がとても退化しており、分散する力があまりない。集団が地域ごとに隔離されていて、しかも交尾がメスにとってコストであるような生物では、隠蔽《いんぺい》的な生殖隔離が著しく発達している可能性があるのだ。

これまで、交尾行動については、種内であれ、種間であれ、基本的に種という単位を基準として研究が行われてきた。これからは集団間での繁殖行動をさらに追求することで、新しい種分化の可能性も現れてくると考えられる。

ここで性的対立のこれからの研究についても語っておきたい。かつてあのハミルトン博士（88・104ページ）とともに性選択とオスが発するシグナルの研究を行い、いまや昆虫の性に関する研究の第一人者となったメラニー・ズック教授（米国ミネソタ大学）という人がいる。彼女が2014年に書いた総説のなかに次のような段落がある。これまでの性的対立についての研究には、その研究対象となる生物の分類群に著しい偏りがある。研究のほぼ半数が昆虫を材料としたものであり、断トツの1位である。ちなみに2位は鳥類、3位は魚類、ほ乳類は4位だ。昆虫のなかでも、特定の分類群に研究は偏っている。ハエ目の種が断トツで多く32％を占める、そしてそのうち9割近くがショウジョウバエだ。2番目がマメゾウムシという一属に分類される甲虫で10.3％。そのあと、アメンボ、コオロギの仲間、トンボの仲間と続く。

ただ、1990年代にはほんの2、3種の昆虫が対象となった性的対立の研究は、2010年には90種類にも達している。今後も性的対立の研究材料が増加するにつれ、野外で生じるメスとオスの対立の図式がわかってくると思っている。

動物研究の発展

――動物行動学の誕生――

この章に書いた研究は、動物行動学という学問の範囲にある。動物行動学は、性にまつわる動物の行動のほかに、敵からどのように逃げるのか、いつどのようなタイミングで生物は移動するのか、親はどのように子育てをするのか、生物はほかの個体とどのように関わり、互いにシグナルを認識して社会をつくっているのか、といった多様な行動を研究の対象とする。動物の行動は、昔から多くのナチュラリストたちの心をわしづかみにしてきた。いまも昔も動物の行動に魅せられた研究者たちは多いのである。

かつて、動物の行動を野外でひたすら観察して記録していくというのが研究の主流である時代があった……もちろんいまもそのような研究スタイルは大事だと思う。そんな時代、1900年代の早い時期に、動物の行動を観察するという行為を学問の土俵に乗せた科学者たちがいる。一人は、オーストリアに生まれたコンラート・ローレンツ博士（1903〜1989）である。卵から孵化したばかりのハイイロガンという鳥のヒナたちが、本来の親ではなく、生まれて初めてみたローレンツを親だと思い込み、そのあとにしたがうようになった。ローレンツの行くところ、行くところ、彼の後ろにはヒナたちの行列がつきまとうことになる。これを彼は、本能にプログラムされた**刷り込み**という行動であると確信した。ほかにカラスなどの観察も注意深く行い、動物の行動が科学する対象になる、ということを初めて世に知らしめたのだ。彼は、動物行動学の父、と呼べる存在だろう。

ローレンツの生きた時代に、ほかに動物の行動を科学したことで有名になった科学者が2人いた。ニコラース・ティンバーゲン博士（1907〜1988）はオランダの鳥学者であったが、その後、魚のイトヨの本能について調べ、求愛行動についても行動の連鎖を詳しく観察した。そして、動物がある行動を採択するときに、次元の異なる4つの説明があることを解いた。これはいまにいたっても、「動物行動におけるティンバーゲンの4つのなぜ」として知られている。

たとえば、ほとんどの動物のオスはメスに出会うと求愛するが、オスに出会うと攻撃する。なぜ攻撃するのかというと、たとえばそのオスの体のなかのアドレナリンなどといった神経生理物質の濃度が高くなるためだ、というのが生理学者の答えであり、これは（1）**至**

近要因による答え方である。

発生学者は、そのオスがほかのオスに対して攻撃するのは、そのオスが適齢期になり、成長ホルモンが恋と戦いのモードに入ったためだと答えるだろう。これが（2）**発達要因**による答え方である。

これらとは別に、**究極要因**と呼ばれるものが2つある。進化の視点から、生物の行動のなぜに対して答えるものだ。そのオスが、ほかのオスと出会うと戦うのは、戦に勝ってメスへの求愛の交渉権を獲得しなければ、そのオスは子孫を残せないためだ。というのが進化生態学者による答え方であり、これは（3）**進化要因**と呼ばれる。もちろん、戦うだけがオスの能力ではないことは本書で学んだとおりである。

もうひとつは、ある生物の種類では、常にほかのオスと戦うが、ほかの種類の場合には直接は戦わずに、クジャクのように自分をメスにアピールする行為をくらべ合ったりすることがみられる。生物が歩んできた系統樹のなかの、どの位置にその生物がおさまるのかによって、その生物のオスがほかのオスに対してとる行動は異なるのだ。これは系統進化学から生物のなぜに答えるやり方であり、（4）**系統発生要因**とも呼ばれる。

このように、なぜその生物はその行動を選び、その振る舞いを示すのかについては、4つの次元の異なる答え方がある、ということをニコラース・ティンバーゲン博士は明らかにした。この4つのなぜは、行動だけに限ったことではない。なぜ、この生物はこんな姿形をしているのか？　なぜヒトは大人になると成人病にかかるのか？　すべての生物に生じる現象は、ティンバーゲン博士の示した4つの異なる次元の答え方で回答できる。このように、次元の異なる考え方が存在することを心に留めておくことは、生物学を学ぶうえで、実はとても重要なのだ。

さて、もう一人、動物の行動を科学の土俵に乗せた研究者がいる。それがミツバチの8の字ダンスの謎を解明したことで有名なカール・フォン・フリッシュ博士（1886〜1982）である。彼もまたオーストリアが生んだ動物行動学者であり、ミュンヘン大学においてミツバチのコミュニケーションについて研究を深めた。

ローレンツ、ティンバーゲン、フリッシュの3人は、動物の行動を科学の土俵に乗せた功績がたたえられて、1973年にともにノーベル生理学・医学賞を与えられている。ここに動物行動学という学問が誕生したのである。

――行動生態学の隆盛――

動物行動の理解について、先に述べた4つのなぜのうち、3番目に紹介した進化要因による説明（ある行動が、その個体にとって適応的かどうか、という視点から、その行動が採択されるか否かを説明する）についてさらに理解を深めたのがジョン・クレブス（オックスフォード大学）とニック・デイビス（ケンブリッジ大学）の2人の鳥類研究者である。

彼らは、動物が採用する行動の生理学的基礎や分子遺伝などのメカニズムは問題にせずとも、ある遺伝形質が子どもに伝わって発現するか否かだけをシンプルに考える、つまり、ある表現型が次世代の子どもの繁殖成功に寄与するのかどうかのみを考えればよいという考え方を採用することにした。これは1984年にアラン・グラフェン教授（オックスフォード大学）によって**フェノティピック・ガンビット**という言葉で表された考え方であった。

この考え方に基づいて、動物の行動は、メカニズムや遺伝子を調べなくても、次世代に残せる子どもの数だけ（正確にはある個体が残せる孫の数の大小）を比較し、どの行動を採択した場合にもっとも適応度が高いかを指標にすればよいとされた。この考え方は、行動学者たちの気分をある意味で楽にさせた。なぜなら、生物の行動を科学するときに、その背景にある遺伝様式や、生理学的なメカニズムや分子レベルの詳細がわかっていなくとも、生物のある行動はその子どもに遺伝するのだという仮定をおいて研究を進めてもなにも問題はないとのお墨付きを与えられたようなものだからである。これによって研究と理解が進んだ動物の行動として、移動分散、採餌、群れの形成、種間コミュニケーション、捕食者回避、交尾、配偶システム、シグナル、社会性の発展、群集形成の仕組みなどがあげられる。

そんななかで、ニック・デイビスとジョン・クレブスの２人の鳥類学者は、『行動生態学』という教科書を１９７８年に編集した。この本は、多くの動物行動学者を行動生態学に惹きつけ、その流行は世界中に広まった。

それまで生態学においては、生物が採用する振る舞いは、個体の利益ではなく、種の利益のために進化したというのが定説であった。たとえば、配偶者の子どもを殺すほ乳類のオスの子殺しや、自分の子どもよりも姉妹の子育てを手伝う鳥類の行動、自分の子どもは産まずに姉妹の子育てを助ける社会性昆虫にみられる行動などは、それまではその種族の絶滅を防ぐために進化すると説明されてきた。

しかし、行動生態学では、こういった利他的な行動も、実は自分がもっている遺伝子を後世に多く残すための進化として説明できることが明らかにされた。１９７０年代後半から１９８０年代にかけて、生物のマクロ現象を扱う多くの生物学者は、次々と**種の利益**から、現在では生物学者のあいだで当たり前となっている**個体の利益**という解釈で、自分が対象とする生物の適応の研究事例の説明を塗り替えていった。

それまでに生物学で主流であった、個々の生物は種の保存のために行動している、という考えはあまりにも古くから生物学者に染みついていたので、生物は自分自身のために行動しているという新しい考え方は、当時はとても斬新だった。それでも新しい知識を吸収しようとする研究者たちによって、またたく間に世界、そして日本で行動を研究するものたちの考え方は変えられていった。当時は若手研究者であったが、いまは日本の動物行動学を牽引している粕谷英一《かすやえいいち》博士（九州大学）は、このパラダイムの転換を、黒船の襲来と称していたほどだ。

――日本の動物行動学の広がり――

日本においては、動物の行動とその適応を個体の利益から説明できるという視点に立った日本動物行動学会が船出した。１９８１年のことである。日本のローレンツともいうべき日《ひ》高敏隆《だかとしたか》教授（１９３０〜２００９、京都大学）の旗振りのもとに設立された設立当初の行動学会の資料を眺めてみると、新しい学問を日本でも始めるのだという、当時のものすごい高揚感が伝わってくる。学会の準備委員会は１９８０年頃から立ち上げられ、第１回の学会大会が１９８２年に京都大学で開催された。この大会のおりには、学会に参加した研究者に即日でガリ判刷りの新聞のようなものも配布されている。新聞の名前は、「デイリー・エソロジスト」という名前で、昨日の飲み会では誰と誰がこんな議論を行い、いま筆者は相当酔っぱらいながらこの記事を書いている。酔いつぶれなければ、この新聞は明日、みなに配られるであろう。というようなことが手書きでびっしりと書き綴られている。

いまでいえば、まさにツイッターのアナログ版のようなものであるが、そのエネルギッシュな意欲と実行力たるや、恐れ入るところだ。ちなみにこのガリ版新聞は、その後ニュースレターという小誌で定期刊行され、インターネットの普及とともに、現在では会員向けメール・ニュースという配信方法に変わっている。行動学もぼくたちとともに時代を駆け抜けてきたのであった。

「種のための」生物学に変革をもたらした、「個体をベースにした」進化生態学の考えを日本にも取り入れるべきだと、その旗振りを多いに勢いづけたのが伊藤嘉昭《いとうよしあき》博士（名古屋大学）であった。ちなみに、ぼくが動物行動学会に初めて参加したのは1983年のことであり、当時は学部の4年生だったと思う。初めて学会というところで発表をしたのは、翌年1984年の行動学会であり、カメムシのオスのメスをめぐる戦いについてだった。戦うオスどうしに力の差が開いているときにはあっさりと勝敗は決まるが、両者の力が均衡しているときには戦いは長引き、戦い方も最初は単なるキックやジャブのようなものからどんどんとエスカレートしていき、しまいにはお互いに後ろ脚で相手の体を挟み合う、相撲でいうところのがっぷり四《よ》つのような体勢になって果てしなく戦う、というデータを発表した。ぼくも性が織りなす生物の行動に魅了されてしまった一人なのであった。

さて、本家の英国で、動物行動学の教科書は、１９８７年に第2版、１９９３年に第3版と改訂重版が行われた。これは単なる改訂版ではなく、年を重ねるごとに、そのコンテンツが大きく書き換えられ、執筆陣も大幅に入れ替わり、動物の行動を研究する科学者のランドマークとなった。そして、２０１２年には第4版がついに改定され、現代の行動生態学の標準的な教科書となっている。

いまの行動学をめぐる状況はどのようになっているのかといえば、行動学は遺伝学、生理学、生態学、心理学などといったほかの研究分野との交わりを深めながら、かつて行動学者の気分を楽にさせたフェノティピック・ガンビットの束縛から逃れて新しいかたちに発展している。いまや、行動の形質の遺伝や分子的な基礎、動物が行動するにあたり体内で作用するホルモンや神経伝達物質などの至近的なメカニズムの研究は飛躍的に進んでいる。それらの成果を、野外に生きる生物たちの行動に再び反映させて、行動学は突き進んでいる。たとえば、性選択の研究で、ある鳥のメスが特定の色をもつオスを選ぶときには、そのメスの色覚はどのようになっているかとか、敵に襲われた際に反撃したり逃げたりするとき、体内（おもに頭だが）ではどのような生理活性物質が多く発現されているのかなど、分子生物学や生理学の研究成果が野生に暮らす動物たちの行動を考えるうえで、新たな研究の武器となっているのである。

もちろん、このような武器を使うか使わないかに良い悪いはない。いまだぼくらの知らない生物の行動様式は大自然のなかにたくさん眠っている。それらを新たに発掘するのも行動学者の仕事である。

第三章

寿命の先送りに挑む

格差に満ちた世の中である。だが万人に平等に訪れるものがある。たとえ他人に愛され、恵まれた人生を歩んできたとしても、それは逃れられない。万人にその名を知られるようになろうとも、それは誰にもいずれは訪れる。それが老いであり、死である。喜びや悲しみは分かち合うことができる。けれど、「死」は分かち合うことさえできないのだ。

「不老不死」は、いくら名声を得ても、巨万の富を築いても得ることができない。始皇帝やクレオパトラなど歴史上の多くの著名人も、不老不死を手に入れたいと願ってきた。

なぜ、生物は「死」から逃れられないのだろうか？　その答えは明快である。老いや死に自然選択の力は及ばないのだ。

言い換えると、生存して子どもを残すものに対してのみ、自然選択はその力を発揮し、あとは無慈悲になる。子育てを終えようが終えまいが、繁殖に影響を及ぼさない老人に自然選択はまったく見向きもしない。だから、寿命の「先送り」という話しであれば、それは科学的には可能なのである。

老いたるもの万人にとって関心の尽きないこのテーマは、歴史的にも注目されたし、科学者の興味も大いにかきたてた。生物をつかってその解明を試みた科学者たちもいたし、新しい薬の開発につながらないかと期待した科学者たちもいた。生物の寿命を操作できないだろうかという問いには、多くの研究者が、時空を超えて取り組んできたのである。

進化論からみた老い

老いと寿命——進化仮説の登場

「なぜ生き物は老いるのか？」という問いに、初めて進化の視点からアイデアを世に送り出したのは、ロンドン大学（ＵＣＬ）で教鞭をとったピーター・メダワー教授（１９１５〜１９８７）だろう。教授は１９６０年に植物の免疫研究によってノーベル賞を受賞している。

メダワー教授が「老いの研究」を始めたきっかけとなったのは、イギリスの偉大な生物遺伝学者ジョン・バードン・サンダースン（Ｊ・Ｂ・Ｓ）・ホールデン（１８９２〜１９６４）だ。同じくＵＣＬで研究をしていたホールデンは、遺伝的な病気をもった人々の多くは、病気の症状が現れる30歳代中頃までに生殖を終えているという事実に気がついた。寿命と生殖になんらかの関係がありそうだということに注目したのだ。ホールデンの考えに影響を受けたメダワー教授は、歳をとってから発症する病気は自然選択の目から逃れることができ、そのために存在しつづけることができると考えた。

メダワー教授は、ダーウィンが説いた生存競争の考えに基づく進化を、老いの進化に置き換えて考えてみた。生物が潜在的にもっているとてつもない繁殖能力は、現実の環境では現れない。ダーウィンはこんな計算をしている。1匹のゾウが生涯に6匹の子ゾウを産んだとしよう。これらの子どもがみんな成長して、さらに同じ数の子ゾウを産むとすれば、1000年以内に、この最初の1番目のゾウから1900万頭のゾウの群れができることになる。多くのゾウが地球上に存在している現時点からスタートすると、またたく間にありえない数のゾウの大群が地球上を埋め尽くすことになってしまう。

しかし、もちろんそんなことは生じない。むしろ野生のゾウは、守らなければならない数にまで減ってしまっている。

世の中はシカやネズミ、イワシ、害虫など、もっともっと多くの子どもを産む生物で溢れているが、現実の世界ではみんなが指数的に増えつづけることはありえない。ゾウにしてもネズミにしても、「寿命のどこかのタイミングで指数的に増える傾向がなくなってしまうのだ」とダーウィンは書き残している。

メダワーは、このタイミングこそ幼年時代にあると考えた。つまり、大人になって繁殖できるようになるまで生き残るものは、ほんの一握りなのである。野生の世界では、大半の個体は幼年時代のうちに死んでしまう。幸運にも生き残ったわずかなものたちだけが、老いを経験し、衰弱して、やがて死を迎えるのだ。そして自然選択の目はこのわずかに残された哀れなものたちを放置し、老衰が淘汰される日は永遠にやってこない。これがメダワーの考えた老いの科学であった。

――老化を説明する2つの仮説――

生物が生きていくために、細胞を増やすときなど、体のなかで遺伝子のコピーが繰り返される。しかしコピーの際に、間違いがおこらないとも限らない。コピーするときに生じてしまう誤り。これこそが老化の原因であるとメダワー教授は考えた。年月を経るとそれだけ、コピーの際に誤りの生じる確率は増えてゆく。教授は1951年にこの説を「生物における未解決の問題」と題する講演で披露し、翌年にその内容を本として出版している。この説は、老化とともに、生物にとって有害な突然変異がどんどん蓄積するというもので**有害突然変異の蓄積**と呼ばれている。この仮説をこの本では「致死的な遺伝子仮説」と呼ぼう。この説だと、老化は集団として生じるものではない。個々の生物を死にいたらしめる病気の遺伝子を取り除いてゆけば、寿命を延ばすことができると予想されるのだ。

ある仮説が提唱されると、別の仮説もまた提唱されるのが生物学の常である。この説と異なる仮説を唱えたのが、ニューヨーク州立大学のジョージ・クリストファー・ウィリアムズ教授（1926〜2010）だ。教授は、寿命は繁殖と相反すると考えた。つまり若いときにたくさんの子どもを産む者は、もてる資源を繁殖につかってしまうために消耗し、そのため短命になる。教授はこれを1957年に**拮抗的多面発現**という難しい言葉でまとめた。長寿でしかも多産というのは相対立する、言い換えれば拮抗すると考えたのだ。平たくいえば、誰しも「太く長くは生きられない」ということだ。若いときにたくさん子どもを産むメスの集団では、その代償として寿命が短くなる。反対に若いときにあまり子どもを産まないメスの集団では、繁殖の代償がないために体力を温存できて長命になれる。

というわけで、繁殖と寿命には二律背反（トレードオフ）が存在する。この二律背反には遺伝的な背景があるため、若くしてたくさん子どもを産むが短命となる集団と、繁殖を抑えて長命になれる2つの集団が進化できるというわけだ。この説は**二律背反仮説**と呼ばれた。もしウィリアムズ教授の説が正しければ、歳をとってから子どもを産んだ生き物から生まれた子孫は、若くして子どもを産んだ生き物から生まれた子孫の寿命にくらべて延びるはずだ。

有害因子仮説と二律背反仮説のどちらが正しいのだろうか？

これを調べるために実験材料として重宝され、１９８０年代から１９９０年代にかけて、老化の理解を飛躍的に進めるのに役立った生き物がいる。キイロショウジョウバエという小さなハエである。遺伝学でよくつかわれる赤い目をしたあの小さなハエだ。多くの実験室では、伝統的に牛乳瓶のなかでキイロショウジョウバエが飼われてきた。ショウジョウバエの成虫が産んだ卵は25度に保った実験室では、７日ほどでウジから成虫となり、そのあと数日でたくさんの卵を産みはじめるようになる。このハエをつかえば、１年のあいだに30世代くらいの進化の歴史をみることができ、その間に生じた変化を追跡することができる。これは人にたとえれば、６００年ほどの歴史にもなる。鎌倉を武士が駆け抜けた時代から、暗号がネットを駆け抜ける現代までを、１年間の牛乳瓶のなかで追跡することができるのだ。

この小さなハエをつかった実験結果が、後にヒトを含むほ乳類の寿命に関する基本的な考え方を提供すると、当時、誰が考えただろうか？　その頃、ハエをつかって寿命について実験していた何人かの科学者たちは、純粋にハエの寿命を操作できるかどうかについてのみ、興味をもっていたのだから。

――ハエをつかった二律背反仮説――

１９８０年頃から、この小さなハエを材料とした寿命をめぐる検証合戦が、アメリカとイギリスにおいて激しく展開された（邦訳された本では、アメリカの研究が主に紹介されているようだ）。先陣をきったのは、カリフォルニア大学アーヴァイン校のマイケル・ローズ教授のグループだった。彼らは1980年に2つのグループ（集団）のハエを育種した。1つ目のグループでは、成虫になって14日後の若い母親だけから卵を産ませた。このグループは来る世代も来る世代も、若い母親だけが子孫を残すことを許された。この本では、以後、この集団を「ヤング」と呼ぼう。

一方、年寄りの母親から子どもを繁殖させるグループもつくった。このグループでは、実験を始めてしばらくは、羽化後28日目のわりと歳をとった母親から集めた卵によって繁殖をさせた。そして世代を重ねるにつれて、さらにより年をとった母親から卵を集めるようにして、最終的には成虫になってから70日目まで生きた超高齢の母親が産んだ卵からのみ繁殖させた。このグループのことを「オールド」と呼ぶことにする。

このように異なった年齢の母親から生まれた子どもを繁殖させた2つのグループを、それぞれ5つ繰り返しつくった。なぜ5つものグループをつくらなければならないのか？　それはグループがそれぞれ1個ずつだと、第一章で述べた遺伝的浮動（ドリフト、47ページ）の効果との区別がつかなくなるからだ。

ローズ教授らは、この2つのグループのハエを、それぞれの育種方法で2年ものあいだ

（60世代ほど）飼いつづけた後に、それぞれのグループから400個体以上のメスを任意に選んだ。そしてすべてのメスのハエについて、産んだ卵を数え、寿命を調べた。彼らは、この実験で70万個の卵を数えている。実に根気のいる仕事だ。その結果、毎世代、年寄りの母親から繁殖させたハエの集団は、若い母親から繁殖させつづけた集団にくらべて、20日間ほども長生きになったのだ。「寿命は、選択によって進化する」ということが初めて実証された瞬間だった。

そして、若い母親から繁殖させつづけた集団では、成虫になって4日目頃にもっともたくさんの卵を産んで、その後徐々に産む卵の数は減少していった。一方、高齢の母親から繁殖させた集団は、16日目くらいまで卵を産んだ。もっともたくさんの卵を産んだ時期に産卵した量は、オールドにくらべてヤングのほうが多くなったが、10日目頃にはオールドが産んだ卵の量のほうが多くなり、ヤングは加齢とともに急激に産卵数が減った。

重要なのはこの点である。つまり、生涯に産むことができた卵の数は、ヤングもオールドも変わらなかったのだ。これこそ、寿命と繁殖のあいだに二律背反があるという証拠の決定打である。

そして、二律背反それ自体が世代を超えて変化する、つまり進化する形質だったのである。「二律背反仮説」こそが、加齢を説明するのだとローズ教授は主張した。つまり「長寿」

なるものは、若いときに繁殖するという行為を抑制することで、世代を経て実現されたのだ。

ローズ教授の発見を支持する研究結果は、北米でショウジョウバエを研究する別のグループからも相次いで発表された。同様の育種実験は、時を同じくしてウェイン州立大学のレオ・ラッキンビル博士らのグループでも行われた。ラッキンビル博士も以前からローズ教授と同じような実験を計画しており、ローズ教授の記録には、1978年にはすでに当時ミシガン州立大学にいたラッキンビル博士から、そのことについて電話を受けていたと書かれている。1980年代のはじめに、ラッキンビル博士の実験もローズ教授と同じ結果であることが報告された。同じ結果が、2つの独立した研究機関によって再現されたのだ。これで、少なくともハエにおいては、二律背反仮説が正しいように思われた。

――イギリスからの反論――

これに待ったをかけたのが、当時はエジンバラ大学（スコットランド）の教授職についていたリンダ・パートリッジ教授（105ページ）だ。彼女は、研究室で講師を務めていたケヴィン・フォウラー博士といっしょに、ローズ教授と同じようにヤングとオールドを育種する実験を、やはりキイロショウジョウバエをつかって行った。

ところが、1992年に公表された彼女らの実験の結果は、ローズ教授たちの研究結果とは様相が異なった。ローズ教授の研究結果と同じく、オールドのハエたちは長生きだった。ところがオールドは、ヤングよりも長く生きて、かつ生涯にわたってたくさんの卵を産みつづけたのだ。そして若いときにもヤングと同じくらい多くの卵を産んでいたのだ。

この結果は、二律背反仮説では説明できない。事実、パートリッジ教授は、「この育種実験の結果は、致死的な遺伝子仮説が正しいことを示しているのではないか。」と書いている。彼女たちの実験結果では、オールドのハエは体サイズが大きいこともわかった。

おそらくオールドでは、幼虫のときに飼育密度が低くなったため、幼虫のときの死亡率が高かった反面、生き残ったものたちは十分に発育できたのではないかと考えられた。ウジは一定の密度で育たないと発育が悪くなることがある。この結果は、「寿命の先送り」の実験にはいろいろな注意が必要であることを警告している。

この実験結果に刺激されて、ローズ教授たちはハエをつかったさらなる「寿命の延長の謎」に関する実験を展開してゆくのである。

繁殖と寿命の関係

——寿命を左右する要因——

さて、イギリスのリンダ・パートリッジ教授である。その頃教授は、自身の研究者人生をエイジング、つまり「老化と寿命」の研究にかける決意をした。彼女は、小さなショウジョウバエの繁殖と寿命に影響する様々な要因について研究を開始した。成虫となったハエは飼う密度が高過ぎると、ストレスのためであろうが、寿命が短くなる。栄養の与え方の違いによってもハエの寿命は変わってくる。寿命というのは、普段の生活習慣によってものすごく左右される形質なのだ。ハエでさえも、である。

寿命を変える要因はどれくらいあるのだろうか？　１９９０年代に、彼女は研究仲間とポスドクとともに、繁殖という行為が寿命の負荷となっている原因を深く追求しはじめた。そして行き着いた先のひとつが、第二章で紹介したオスがつくる毒の精液だった。

パートリッジ教授は、この頃スコットランドのエジンバラ大学から、イングランドのロンドン大学（UCL）生物学部への引っ越しを終えて、ウェルダン教授職についていた。ぼくも含めて自分が面倒をみた学生がよい研究成果をおさめると、"Well done !"というのが彼女の口癖だった。彼女の口癖がウェルダン教授職というポジションを生み出したのだとぼくはなかば信じていた。実はそのことについて彼女にじかに聞いたことがある。うすら寒いロンドン大学のウルフソン・ハウスのビルディング前の路地で、黒いコートの襟を立てて足早に歩きだそうとしていた彼女だったが、ぼくの問いに振り向いて笑った。

「タカ、わたしは絶対的にウェルダンという言葉が好きだけれど、それは違うわよ。これは実在した統計学者の名前なのよ。」

ラファエル・ウェルダン（1860〜1906）という名の進化生物学者が存在したのだ。彼が生物統計学の祖であり、UCLの教壇に立っていたという事実はあとで知ったことだ。ウェルダン博士は、ダーウィンの従兄弟であるフランシス・ゴールトン卿（42ページ）とともに統計学の雑誌を編纂して、その名を後生に残した人であった。彼の名を冠したウェルダン・プロフェッサー職の初代教授についたのは、「致死的な遺伝子仮説」を説いたメダワー教授を老化研究に世界に引き込んだ、あのJ・B・S・ホールデン教授だった。それ以来、ウェルダン教授には生物統計学の分野で功績をおさめた研究者が、その地位を引き継いでいる。パートリッジは1994年にこの職を襲名して以来、今日まで20年ものあいだウェルダンダン教授の地位を守りつづけている。これぞ"Well done!"といえるのではないか。

——パートリッジ教授のこと——

リンダ・パートリッジの引っ越しの話をしよう。研究で成功をおさめている実験系の研究室の引っ越しというのは、大がかりなもので、教授一人が単身で移るというものではない。実験設備や実験器具はもちろんのこと、教授の指導のもとで研究していたポスドクや大学院生、さらには教授が雇っていた優秀な技術者（テクニシャン）などもこぞって引っ越しするのだ。まさに大家族の引っ越しみたいなものだ。トレーシー・チャップマンもエジンバラ大学にてリンダの学生になり、ロンドンまで引っ越してきた。テクニシャンのなかにも、エジンバラから引っ越してきたものや、スコットランド出身のものがいた。スコットランドは、イングランドに支配された歴史をもつ。支配される側は、その歴史を忘れないものだということを、テクニシャンの女性に教えられたことがある。

研究室ではサッカーの話題が尽きない。英語ではサッカーとはいわずフットボールと呼ぶが、毎朝、挨拶代わりに交わす言葉は、イングランドのプレミアリーグの昨夜の勝敗についてである。親しくしていたポスドクの一人がアストン・ビラの熱狂的ファンでもあったため、毎晩、新聞とテレビでその日のプレミアリーグはチェックするようにしていた。さて、その頃おりしもワールドカップのフランス大会が開催されていた。フランスのジダンが活躍したあの大会だ。ロンドンや郊外の都市出身の若者たちは、イングランドはもちろん、スコットランドやウェールズのチームも応援し、ゲームに勝てば大騒ぎである。さて、スコットランド出身の女性テクニシャンだが、部屋にイングランド出身の若手の同僚がいるときには、イングランドがゲームに勝っている状態をともに喜んでいる様子だった。ところが若者が出ていって、ぼくと2人きりになると「タカ、わたしはイングランドがきらいなのよ。わかるでしょ?」などと冷たくいうのだ。これにくらべてイングランドの若者は無頓着である。スコットランドだろうが、ウェールズだろうが、アイルランドだろうが、イギリス連邦のどの国に対しても平等な応援を心の底から無邪気におくっているのだ。その瞬間、ぼくは遠く沖縄と日本について考えていた。支配したものは、支配されたものの心には無頓着である。

さて、ぼくとリンダ・パートリッジ教授との縁について、ここで改めてふれておこう。ぼくが教授に出会ったのは1991年9月はじめの沖縄でのことで、ぼくたちは那覇市内の安《あ》里《さと》という地に古くからある沖縄料理の居酒屋で、初めて言葉を交わした。このとき、彼女ははるかエジンバラの地から沖縄にやってきていた。南国沖縄の海で泳いだ経験は、彼女にいわせれば完璧だったらしく、後にロンドンでもときどき、その体験を懐かしがっていた。

「タカ、沖縄の気温はたいてい25度から30度くらいでしょう？　恐ろしく寒いイギリスとは大違い。亜熱帯のコバルトブルーの海でいつでも泳げるわね。絶対的に、パーフェクトよ。」

　1991年9月に沖縄で開かれた国際ミバエ・シンポジウムの招待講演者という肩書で、彼女は初めての日本訪問で沖縄の地に滞在した。彼女を招聘したのは沖縄県をはじめとするいくつかの団体であり、彼女を指名したのは沖縄でミバエの行動を研究していた、ぼくのかつての指導教員だった。


　当時、琉球大学の昆虫学研究室を牽引していたぼくの指導教員は、若い頃にはウリミバエの根絶事業に関わり、久米島《くめじま》のウリミバエ根絶に貢献した。大学に移ったあとは、昆虫を材料とした行動生態学の研究に熱中していた。ぼくはおのずとその熱中のなかに放り込まれていた。1980年のあの頃、英国や米国から日本に入ってきた行動生態学は、日本の動物研究者たちを熱狂させ、行動生態学を学ばぬものはけしからん、という雰囲気さえ醸し出していたように思い出す。行動生態学とは、生物個体の振る舞いが、その種を子々孫々まで守るために進化したという従来の考えはでたらめで、個体は自身が生き延びるために利己的に行動している、という、いまの研究者たちには当たり前だが、当時には画期的だった、生物の行動をみつめなおす学問であった。

そのみつめなおし方は正しいのだが、血気盛んな行動学者たちは、生物の個体は種の保存のために生きているのだ、とそれまで当然のように考えていた生物学者たちを、口論により、あるいは文章によって、次々と駆逐《くちく》していった。現在、日本の動物行動学の第一人者で、学会の会長でもある粕谷英一《かすやえいいち》博士（九州大学）は、若い頃にこの事件を称して「黒船の襲来」とも呼んでいたのは前章でも書いたとおりである。それほど、「種のため」から「個体のため」というパラダイムの大転換が、生物学のいろいろな分野で行われていた時代だった。黒船が引き起こした大波は、行動学を飲み込み、次に生態学に波及し、当然、進化学はそれを受け入れ、個体レベルを超えるマクロな生物学を覆い尽くした。そして、分子生物学や遺伝学など、個体より小さい単位でものごとを考えるミクロ生物学にまでその波は達した。ミクロ生物学にこの波が浸透しているのかどうかは、はっきりいってよくわからないところではある。しかし、いまでは多くの生物学に、この波は及んでいる。

生物の行動を学問するにあたって、その後、もうひとつの大きなパラダイム・シフト（考え方の枠組みを根本から覆す出来事）が、行動学者のあいだに受け入れられた。それが第二章でも述べた**フェノティピック・ガンビット**（125ページ）だ。当時の日本人の行動研究者たちは、また、当時の行動生態学では、行動を支配する遺伝子の仕組みや、体のなかのホルモンやアドレナリンなどの神経伝達物質など、いわゆる体のメカニズムを明らかにしなくともよいとされていた。よいとされていたというより、むしろ遺伝やＤＮＡの詳細を明らかにしつつ研究を進めていたのでは生物の振る舞いの適応的（35ページ）な意味を調べるにはあまりにも時間がかかりすぎるし、ホルモンやアドレナリンの量を必ず測らなければならない、という事態になると、生物の行動に興味をもつ個々人の研究はなかなか進まない。

だから、ある生物がある行動をとる基礎として存在するメカニズムや、生物が成長するにつれてその行動がどのように発達してくるのかという発生の問題や、その行動が進化してきた歴史的背景（第一章で述べた系統的なもの）は、行動生態学者ではない人たちに任せましょう、という発想が遵守された。これらを考えなくても、行動が適応的かそうでないかだけを考えれば、学問として成り立つのだという御旗の印が立てられた。このフェノティピック・ガンビットという考え方は、アラン・グラフェン（オックスフォード大学）が１９８４年に説いたものだ。実に多くの研究者が、この考え方に救われて、動物の奇想天外な行動がなんのために進化したのか、という解釈を次々と世界中でみつけだしたのだ。行動生態学にのみこまれた１９８０年頃から２０００年頃までの動物行動学の研究が、華々しく展開したある意味での理由がこれである。このことは、前章でも書いた。

ぼくが動物行動学に興味を抱きだした1980年代のはじめは、このように、単にある動物の振る舞いが面白いというお話だけでは許してもらえない雰囲気が強く、その行動がなんのために進化したのか、その適応的意義を解明しなければ意味がないという風潮があった。もちろんいまでも生物の振る舞いがなんのために進化してきたのかを考えることは基本であり、もっとも大事である。しかし、それは動物行動学が明らかにしなければならない唯一の答えでもないとぼくは思う。

なぜ話が行動学の発展に脱線しているのかには明瞭な理由があるのである。パートリッジ教授を沖縄県がなぜ招聘したのかといえば、ハエの寿命を研究していたという理由もあるが、当時のパートリッジ教授が動物行動研究学の旗頭の一人でもあったというのがその大きな理由である。当時、ショウジョウバエをつかって、交尾行動が繁殖や寿命にどのように関わるのか、という問いに行動生態学の視点からエネルギッシュに追求していたパートリッジ教授を、行動生態学に魅了されていたぼくの指導教員が、ぜひとも呼びたかったということだ。

その頃、ぼくはその指導教員のもとを離れてようやく独り立ちし、沖縄県の研究職員として初めてウリミバエという害虫を飼い、ミバエの寿命研究に興味を抱いていた。そんなおりに、ぼくは那覇市にあるその居酒屋で初めてリンダに会い、ハエの寿命についていくつかの質問をした。幸い、ぼくの質問は的を射ていたようで、リンダの興味を引いたようだ。その頃書きかけていたウリミバエの寿命と交尾についての論文を読んでくれるという約束をしてくれて、彼女はエジンバラに去っていった。

次にリンダに会ったのは、ロンドンではなく、フロリダにあるリゾートホテルだった。1993年の6月6日のことだ。安い費用を捻出して泊まったぼくの部屋は、もちろんシーサイドビューではなく国道に面していた。空から大きな鳥がやってきてベランダに降り立った。そんな大きな鳥はみたことがなく、少し混乱したが、よくみるとそれはペリカンだった。この2年のあいだに、いつかリンダの研究室に留学して「ハエの寿命と交尾」についての見分を深めようと、ぼくは秘かに決意していた。そのためにはエジンバラに行かなければならない。ぼくは、ウリミバエの研究を続けるかたわら、スコットランドの歴史や風土についての書物を読み漁った。

ところがフロリダのホテルで会った彼女は、いきなりこう切り出した。「自分は近いうちにロンドン大学に移る。だからあなたはロンドンに来なさい。」エジンバラではなく、ロンドンか。物価が高そうだ、と思った。フロリダで開かれた国際ミバエ会議のため、世界中から果実類の大害虫であるミバエの研究者がひとつのホテルに集っていた。

パートリッジ教授は、大学時代には鳥の行動を研究していた。どのように鳥がエサを食べるのか、その行動と生態を調べていたのだ。ところがポスドクとして過ごしたヨーク大学（イギリス）では研究テーマを大きく変えた。ショウジョウバエの交尾と寿命の研究に舵をきったのだ。それ以来、今日にいたるまで、教授はずっとショウジョウバエの寿命の研究を続けている。

では、なぜ農業害虫でもないキイロショウジョウバエを研究していたパートリッジ教授が、果実や野菜の大害虫であるミバエの国際会議に招待されたのか？

それを説明するのにはまた少しまわり道が必要だろう。

――なぜチチュウカイミバエなのか――

当時のイギリスは、マーガレット・サッチャー政権（１９７９～１９９０年在任）のもとにあった。鉄の女とも呼ばれたサッチャー政権では財政も緊縮だった。そのあおりを受けて、当時のイギリスでは、基礎的な研究のために資金を獲得するのが難しかった。パートリッジ教授たちもまたハエの寿命について研究を続けるため、予算の獲得に苦労していた。実験系のラボというのは、実験器具だけでなく、光熱水費用もかかるし、たくさんの実験を効率的にこなそうとすると、何人ものテクニシャンを雇う必要もある。お金がかかるのだ。

「ハエの寿命を研究してなんの役に立つのか？」それがイギリス政府の答えだった。研究の発展が、往々にして時の政府に大きく影響されるのは歴史をみれば歴然としている。パートリッジ教授は、研究室を維持するための費用を捻出するのに農作物の世界的害虫であるチチュウカイミバエに目をつけたともいえる。アフリカや地中海の周辺諸国に蔓延するチチュウカイミバエは、毎年、夏になって気温が上がると欧州に北上してくる。成虫はヨーロッパの人々が大好きなベリー類の果実に卵を産み、卵から孵化したウジは果肉を食い荒らすので、果実は市場に出せなくなる。アメリカにも似た事情があって、南米や中米に蔓延するチチュウカイミバエは、毎年暖かくなるとフロリダやテキサスなど、米国南部の町に北上してきてフルーツに被害をもたらす。

大害虫であるチチュウカイミバエの研究には、農業を守るという大義のもとに、国際機関がお金を出す理由があった。また教授は、アメリカの農業機関からもファンドを獲得して、チチュウカイミバエの研究を進めようとしていた。このハエを駆除するために様々な国で防除が試みられ、このハエの生態などの研究が行われているのだ。

しかし、それにしてもなぜこのハエの交尾や寿命の研究が必要なのだろうか？　防除するためだけなら、交尾行動や寿命の研究など、あまり必要なさそうに思える。これには、世界的にミバエ類の防除と根絶プロジェクトに使用されている、ちょっと変わった害虫防除法が関わっている。

――ラセンウジバエの不妊オス――

その防除法の名は「不妊虫放飼法」、あるいは簡潔に「不妊化法」と呼ばれる。アメリカ農務省の研究員だったエドワード・F・ニップリング博士（1909〜2000）がこの方法を思いついたのは1938年のことだ。この虫の根絶方法はかなり変わっていて大胆だ。

害虫防除や駆除といえば、ふつうその害虫を殺すために殺虫剤を噴霧したり、天敵となる生物を野に放したりすることを思い浮かべるだろう。ところが、不妊化法では、減らそう、あるいは絶やそうとする害虫をまず大量に増やすのである。まさに大胆な発想の転換だ。ただ、「増やす数」が半端ではない。たとえば、ウジが牛に寄生する畜産の大害虫、ラセンウジバエの場合、メキシコでは一週間に5000万匹以上のハエを生産している。日本の南西諸島で根絶されたウリミバエの不妊虫放飼にいたっては、週に1億匹以上のハエが生産された。大量のハエは、ヘリコプターや飛行機によって、空中から撒かれるのである。空からハエが降ってくる、それも不妊にされたハエたちが。

世界で初めて不妊のオスが放たれた場所は、フロリダ沖に浮かぶサニーベル島だった。周囲わずか36平方キロのこの島で不妊虫放飼法が試みられたのは1953年のことだ。不妊化された虫は、牛の害虫であるラセンウジバエである。

このハエのメスは、牛の傷口に卵を産みつける。卵から孵った幼虫は鋭い2本の牙で牛の肉を食い進みながら、体のなかへと突き進む。たくさんのハエにたかられた牛の体のなかでは、ウジが内臓にもその牙を食い込ませる。当然、牛は死ぬ。合衆国の南部やカリブ海の国々では、年間3億ドルもの家畜の被害があったという。

第一章に書いたように、すべての生物にはラテン語の学名があるが、このハエの学名（種名）は、ホミニボラックスという。ホミニとは「ヒト」であり、ボラックスは「むさぼり食う」という意味だ。このハエが多く発生する地域では、ヒトの鼻の穴にこのハエが卵を産みつけるという事故もおき、命を落とす人もいた。

アメリカの農家の子どもとしてこの世に生を受けたニップリング博士は、このハエの被害がもたらす惨状をみながら子ども時代を過ごした。いつしかこのハエを防除したいと願いつつ、合衆国農務省の研究職についた。そして、ついに不妊化法を思いつくのだ。彼がこの方法を思いついたのは、ショウジョウバエをつかって突然変異の研究を行ったアメリカの遺伝学者ハーマン・J・マラー博士の研究がヒントになっている。前章（64ページ）でも登場したマラー博士は、X線をショウジョウバエにあてると突然変異がおきて障害が生まれることから、放射能が有害であることを示したことで1946年にノーベル生理学・医学賞を受賞している。X線をあびたハエのなかには、突然、不妊になるという変異もあった。これを耳にしたニップリング博士は、不妊化した害虫のオスを野に放して、メスと交尾させるという大胆な方法を思いついたのだ。

サニーベル島では、平方キロメートルあたり39匹の不妊の虫を放したが、ラセンウジバエの数は減ることがなかった。その原因はこの島の位置にあった。この島はフロリダ半島からわずかしか離れていなかったため、フロリダから野生のラセンウジバエが飛んでくるのだ。

しかし、そんな失敗でくじけるニップリング博士ではなかった。子どもの頃、彼はラセンウジバエの被害に悔しい思いをした親たちをみて育ったのだ。育ったテキサスの地でみた牛の被害が、簡単には彼をあきらめさせなかった。翌1954年、今度はベネズエラから64キロメートルも離れた沖合に浮かぶキュラソー島で、再度、不妊化法に挑戦した。最初は、平方キロあたり39匹の不妊バエを放したが、野生のハエの数は減らなかった。そこで同僚であり、ラセンウジバエを大量に増殖する技術を確立したブッシュランド博士の助けも得て、放すハエの数を平方キロあたり156匹に増やした。すると、不妊のハエを放しはじめて50日が過ぎた頃には、野外から集めたすべてのハエの卵が孵化しなくなったのだ。さらに50日が過ぎると、キュラソー島からラセンウジバエによる牛の被害が消えたのだった。これが世界で初めて不妊化法によって害虫を根絶せしめることに成功した歴史的な瞬間だった。
この結果は、翌年にアメリカで公表され、世界中の知るところとなった。1955年のことだ。その後、世界で2番目の不妊化法の成功例は、1963年に根絶が宣言された、マリアナ諸島のロタ島のウリミバエだった。ロタ島での根絶はアメリカ農務省が実験的に行ったもので、ウリミバエの根絶が確認されると、不妊虫を放つのをやめてしまった。後に観光客がもち込んだ果実に潜んだウリミバエが広まってしまい、ロタ島ではまたウリミバエが蔓延している。

世界で3番目となるハエの根絶への挑戦は、沖縄がアメリカから復帰する前年、1971年に沖縄と奄美で開始された。農林水産省と沖縄県と鹿児島県が「ウリミバエの根絶」を成し遂げたのである。

――不妊化法とハエの寿命――

ここで改めて、根絶する害虫の「交尾と寿命」が、不妊化法にとっていかに大事かについて考えてみよう。不妊化法では、放射線をあびることで不妊となり、正常な精子をもたないミバエを空からヘリコプターでばらまく。野生に暮らすウリミバエのメスにとっては大変な性生活が訪れる羽目となる。なんといっても、突然、空から降ってきた不能オスに取り囲まれるのだ。メスたちには、野生のオスと人工的につくられた不能オスを見分けることができないため、1億匹もばらまかれた不能オスと交尾せざるをえない。もしメスのハエに、ひとたび交わっても、そのあと何度も繰り返し交尾できるという性質があれば、何度か交尾しているあいだに野生のオスと出会えるかもしれない。第二章で書いたように、多くの昆虫のメスには、オスの精子を貯めておくための袋が体のなかにある（専門的には、これは受精嚢《のう》と呼ばれる袋で、メスの卵巣の近くにある）。つまり、一度でも野生のオスと交われば、その生きた精子を受精のためにつかえることを意味している。

そこで、不妊化法で重要となるのが、その害虫の交尾事情、つまり、一度交尾を行うと、その後どれくらいのあいだ交尾する気分が失せるのか、という情報なのである。さらに、生きているあいだに何匹のオスと交尾するのか、という情報も不妊化法にとっては大事である。もちろん、寿命が長ければ、それだけメスにとって交尾が可能な期間が長くなる。

ここに、ハエの交尾と寿命の研究の世界的な第一人者であるリンダ・パートリッジ教授が、害虫のミバエ会議に招待されるわけがあったのである。

遺伝する品質

さて、1971年に南西諸島で始まった不妊化法によるウリミバエの根絶事業は、22年の歳月を経て、尖閣諸島をのぞく日本からこのハエを根絶するのに成功した。その間、530億匹もの不妊となったウリミバエが空から放たれたのである。

根絶事業も佳境を迎えた1980年代の後半から、ぼくは沖縄県庁の職員としてプロジェクトに関わるようになった。不妊化法では、対象とする害虫を大量に増殖する必要がある。ぼくは1990年に、このプロジェクトの基礎的な研究を任される研究職員の任につき、とくに那覇市に建設された大量増殖の工場で飼われたウリミバエの品質管理についての研究を任された。

虫の品質とはなんだろうと思われるかもしれないが、不妊化法では、野外に放たれるハエを生産するために世代をつないで飼育されつづけている、タネ牛ならぬ、タネ虫のストックの品質が問題になるのだ。野外に放たれたとき、確実にメスに出会って、かつ交尾できる品質を備えていなければならない。ところが野外で生活していたハエを工場の施設のなかで何世代も飼育していると、虫のいろいろな性質が変わってしまう。たとえば、工場で飼っているハエは、野生のハエにくらべて飛ばなくなっていた。また、たくさんの子どもを産むようになっていたが、早く死ぬようにもなっていた。これらを、自動車や食品などの工場で生産される商品と同じように品質管理するのだ。

ハエ工場で飼育されたハエには、飼育集団ごとにロットナンバーが割り振られ、それがいつ産まれて、いつどの飼育部屋で飼育されて、沖縄のどの島にいつ放たれるのか、すべての記録を追えるように管理している。いまでいう農産物のトレーサビリティーを、1980年代にはすでに虫の生産品に適用していたわけだ。ウリミバエの品質管理の記録を徹底するようシステムをつくったのは、当時、秋田県農業試験場から派遣された小山重郎《こやまじゅうろう》博士であった。小山博士をミバエ根絶プロジェクトに引き抜いたのが、前章で述べた伊藤嘉昭先生（128ページ）だった。日本の動物行動研究から「種のため」議論を払しょくさせようと努力した生態学者である。

自動車や食品生産物の品質管理と違って、虫の品質管理で注意が必要なことがある。それは、虫の品質が、世代を超えた形質、つまり「遺伝する品質」だということである。第一章を思い出してほしい。遺伝する品質のばらつきというのは、言い換えると「進化する形質」にほかならない。工場という環境のなかで世代を超えて進化する形質とはなんだろうか、という問いが、ぼくに課せられた研究テーマであり、それはすなわち、進化生物学の知識を駆使しなければ解決できない問題なのであった。

増殖されたミバエは、早く死ぬと書いた。つまり「ハエの老化が早まっていた」ことになる。工場で飼育しつづけたミバエの寿命は、世代を重ねるにつれて短くなっていたのだ。寿命と関係しているものはなんだろうか。キイロショウジョウバエの成果をみる限り、そのひとつは明らかに「繁殖」なのだ。ハエ増殖工場で飼育しているウリミバエの短命化は、ミバエの根絶プロジェクトにとって大きな障害であった。なぜならせっかく不妊化して野外に放しても、すぐに死んでしまうようなミバエをつくっていては、野外に放たれたオスは何度も交尾する前に寿命が尽きてしまう。不妊化法の効率が低くなる事態は避けねばならなかった。そこで、沖縄県としても、ハエの短命化の原因を追及する必要があった。また、ハエ増殖工場で飼いつづけたミバエは、野生に暮らすミバエと交尾行動も異なっていた。

ぼくは、大陸を超えたイギリスで、キイロショウジョウバエという、ウリミバエとは種類は違えども、ハエの寿命と繁殖について研究していたパートリッジ教授の研究に興味を抱き、彼女の発表する論文を片っ端から読んでいた。

——ミバエの寿命、先送り実験——

先に書いたように、キイロショウジョウバエの繁殖と寿命の関係は、アメリカとイギリスの研究グループで実験結果が分かれている。アメリカでは「一律背反仮説」、イギリスでは

「有害遺伝子仮説」が支持された。では、ウリミバエではどちらの仮説が正しいのだろうか？

「ウリミバエのことはウリミバエで実験してみなければわからない。」

そう心に決めたぼくはウリミバエの「繁殖と寿命」の問題に取り組むため、若いときにたくさん卵を産む母親から繁殖させつづけた集団（ヤング）と、歳をとったメスが産んだ卵から繁殖させた集団（オールド）を育種しつづけた。それはおよそ2年間の実験だったが、20世代くらい育種したヤングとオールドでは劇的な違いがみられた。1000匹くらいのハエをほぼ毎日観察しつづけた結果、ヤングの成虫は、ハエになってから7週目くらいで急激に死ぬ個体が増えだし、20週目までにすべてのハエが死んでしまった。ところがオールドのほとんどが15週間くらいは生きた。16週目あたりから少しずつ死ぬ個体が増え、すべての個体が死に絶えたのはなんと35週目だった。ヤングとオールドの寿命は2倍以上も違っていたのだ。

では、ヤングとオールドは成虫になって何日目くらいで卵を産むのだろうか？　その繁殖スケジュールはどうなっているのだろう？　600匹のハエについて、1匹1匹を小さな容器に分けて、ヤングとオールドの個々体のメスが産む卵の数を35週間、週に2度、ひたすら数えつづけた。

結果は、ヤングとオールドでまたしてもまったく異なるものになった。ヤングはウジから蛹《さなぎ》を経てハエになったあと、2週目から6週目にとてもたくさんの卵を産んで、その後、急速に産む卵の数が減り、15週目には死に絶えた。ところがオールドでは、3週目くらいから少しずつ卵を産み、30週目までほぼ変わらないペースで産みつづけて、そして死んだのである。

ロングは高齢になるまで卵を産みつづけた。ということは、である。若さを高齢まで保てたということになる。そして卵を産み終わるとすぐに死んだ。もしもヒトにも当てはめられるなら、これは明らかに老化の防止である（卵を産むという行為が若い証拠だとすれば、であるが）。つまり、若い状態のままで卵を産みつづけ、高齢となり、そしてすぐ死ねるのだ！

ここで重要なことは、若いときにたくさんの卵を産んだヤングも、生涯のあいだに少しずつ卵を産みつづけたオールドも、生涯に産んだ卵の数は変わらなかった、という事実である。この結果は、繁殖と寿命に二律背反の関係があることを示している。ウリミバエの老化の進化では「有害因子仮説」ではなく、「二律背反仮説」が正しかったのだ。ショウジョウバエの実験は、4日とか15日であるが、害虫であるウリミバエでは4週とか30週なので、実に根気のいる仕事ではあった。しかし、少なくとも沖縄で飼育しているウリミバエでは、寿命と繁殖に二律背反の関係が存在するということが判明したのだ。しかもその二律背反には遺伝的なバックグラウンドがある。

この結果をイギリスの遺伝学会誌に提出したぼくは、さっそくことの次第を職場の上司に報告した。繁殖のタイミングを操作することで、さらにいうと年寄りのメスから卵を採集して世代を重ねることで、増殖したウリミバエの短命化を防止できるかもしれないと進言したのである。１９９７年のことだ。

ときの上司は理解のある人で、この実験結果の意味するところをわかってくれた。そのうえで、工場で増殖している５００万匹のウリミバエの親の卵をとるスケジュールを変えることを約束してくれた。当時はハエになって２週間ほどの親の卵をつかっていた工場のシステムを切り替えようといってくれたのだ。

ウリミバエを増殖している部屋は２つある。どちらも10メートル四方くらいで、それぞれの部屋に２５０万匹ずつ、卵をとるための巨大な虫かごのなかに飼われている。とにかくスケールが大きい（この部屋に入ると、２５０万匹のハエたちが発するヴオーンという羽音にいつも感心してしまう）。２つの部屋のうち、片方を２週目の母親のみから卵を産ませて繁殖させるそれまでのシステム（実験でのヤング方式と同じ）のままにして、もう片方の部屋を2週目から6週目までの母親から卵をまんべんなく産ませるシステム（実験でのオールド方式に近い）に変えるということを行った。本当のことをいえば、ぼくはオールド方式を、6週目の歳をとった母親のみから卵を集める方式にしたかった。だが、この現場実験では、その子どもたちを実際の不妊虫放飼につかいながら、寿命の短命化防止も平行して行わなければならない。その頃増殖工場を取り仕切っていた現場の責任者によると、6週目の母親だけから卵を採取するには問題があった。そのように大量増殖の仕組みを変えてしまうと、根絶事業に必要なハエの数が足りなくなってしまうという。仕方なく妥協することにした。現場では妥協も大切だ。

それにしてもだ。半分がオスであるとして、125万匹のヤング方式と、125万匹のオールド方式の寿命のデータがとれるのである。スケールの大きな実験を前にして、ワクワクする。これこそ研究者冥利に尽きるというものだ。

その後、半年ほどかけて、それぞれ250万匹のウリミバエから抽出した寿命のデータが、大量増殖工場の品質管理部門で働いている人の手によって公開された。データは寿命ではなく、蛹がハエになってから10週目に生存している割合というかたちだったが、それで十分だった。これで老化を比較することができる。ぼくはすぐさま、そのデータをエクセルに入力して解析した。

予想どおり。1000匹のハエで実験した結果は、実際に大量増殖したハエでも再現された。若いハエから卵を産ませた部屋のハエの寿命は、その後も低下しつづけた。そして、予想したとおり、年寄りのハエから卵を産ませた部屋のハエの生存率の低下には歯止めがかかった。その後、7世代ほどの生存率が公開され、どの世代でも短命化はおさまったのだ。工場で生産されたウリミバエの短命化は防止できた。

ショウジョウバエに始まった繁殖と寿命の二律背反の結果を、実際に人の役に立てることができたという感慨が訪れた。さて再び話をパートリッジ教授の研究室にもどそう。

1997年の夏のとある日。ぼくは、すでにエジンバラ大学の教授職を離れ、ロンドン大学の教授職についていていたパートリッジ教授の研究室で、ラボのメンバーから歓迎を受けていた。ハエの老化や交尾行動の謎についてもっと勉強したいと思っていたぼくと、ぼくがミバエの専門家で飼育の救世主にみえたという教授の利害は、基本的には一致した。ところが、教授とぼくとでは認識に少しずれがあったことも書いておかなくてはならないだろう。

――カプチーノを飲みながら――

ぼくはその頃ミバエの体内時計というものに興味をもっていて（第四章で述べる）、チチュウカイミバエの生活リズムと交尾や寿命の関係についても調べてみたいと考えていた。実験の空いた時間に少しくらいその研究を行ってもいいだろうか、と相談してみたところ、教授の答えはイエスではなく、ノーだった。「この国ではリズムの研究は、別の大学で行われている。タカ、もしあなたがリズムについて研究したいのならば、ここではなく、別の研究室で行うべきだ。」というのが彼女のいう理由だった。渡英する前の手紙のやりとりでは、「リズムの研究ができるかどうかは来てから相談しましょう。」と書いてあったので、正直にいえば少し混乱した。英語教材のおかげで、ほんの少しだけ英語のヒアリングができるようになったかもと抱いた淡い期待が、かの地に着いたとたんにもろくも崩れ去り、暮らしていくのさえやっとではないか……という語学レベル。すでに齢《よわい》三十なかばのぼくは、いきなり英国で別の研究室に行けと放り出されても困ることになるのは容易に想像できた。

しかし、そこはさすがの大教授。2週間ほどたって、リンダは大学から歩いて数分ほどの洒落たコーヒーショップでカプチーノを頼んでくれて、研究室の人間関係について、図を描きながら熱心に話してくれた。研究室には誰と誰がいて、誰の研究をサポートする人は誰で、それを取り仕切るのは誰でという具合に。そして、ラボで行われているすべてのものごとの中心には、リンダ教授の存在があった。ストロング。こうでなければ取り仕切れない大きなラボというものを肌で感じた。リンダの研究室では、第二章で書いたとおり、チチュウカイミバエの交尾の際に、オスがメスに送るいったいなににメスの交尾意欲をなくすサインが隠されているのかを探る実験に専念することにした。

そのラボでは代々、ショウジョウバエを扱っていた。そこに予算獲得の見込みのある害虫のチチュウカイミバエを新しい材料として飼いはじめて半年ほどがたっていた。ところが、これは行ってみて初めてわかったことだが、チチュウカイミバエはそれほどうまく飼われてはおらず、卵から翅をもったハエになるまでの歩留まりは低かった。ショウジョウバエの場合は、実験室での飼い方が全世界共通で共有されているので問題ないが、同じハエといっても種類が違うと、適した飼い方はエサから飼育箱からすべて異なる。ラボのチチュウカイミバエの飼い方をみて、なにが問題なのかはある程度見当がついた。卵からかえったウジ虫は、ニンジンをベースとしたペースト状のエサで飼うのだが、乾燥しすぎているように思えた。ぼくはビジネスパートナーとなったポスドクのトレーシー・チャップマンとともに、ロンドンの目抜き通りにある百貨店のマークス&スペンサーの台所用品売り場に、保存用タッパーを購入しにいった。大きなタッパーに水を敷いて、そのなかにエサを入れた小さなタッパーを入れて湿気を保った。十分な湿度が確保されると、ほとんどのウジがハエになることができた。チチュウカイミバエの実験開始である。

結局、10か月と少しの実験の結果、チチュウカイミバエでは、メスが再交尾するのを抑制

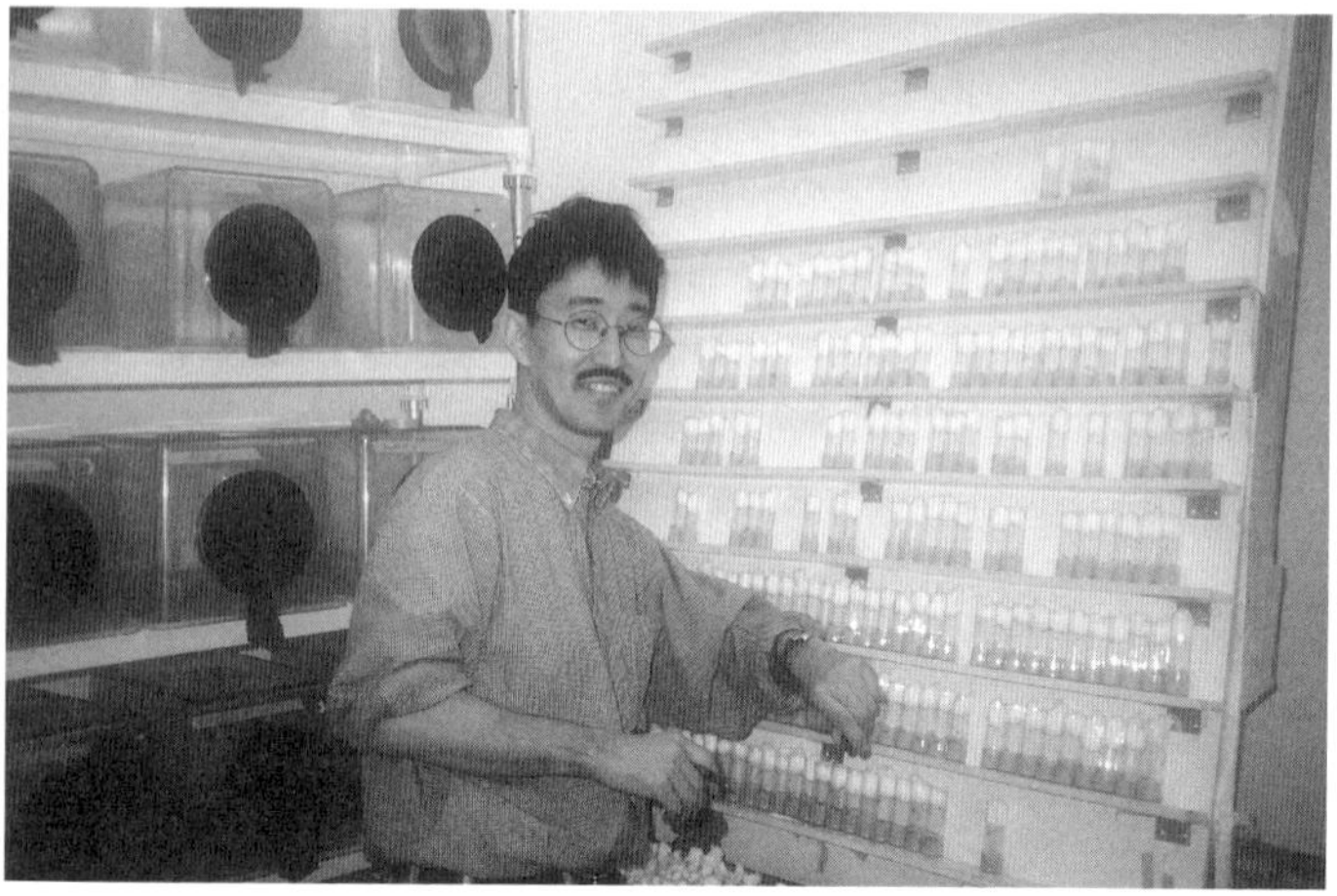

UCLでショウジョウバエの行動を観察する著者。留学中の最後の数か月はショウジョウバエの交尾の実験も担当した。

する物質がオスの付属腺に存在することが予測され、さらにオスがメスに受け渡す精子そのものにも、メスの交尾意欲を減退させる効果のあることが明らかにされた。これは前章にも書いたとおりである。

余談になるが、UCLの生物学部には、ハウスと呼ばれる3つのビルディングがある。ロンドン市街の中心部より少し北、大英博物館の近くに位置する3つのビルディングは、それぞれ「メダワー」・ハウス、「ダーウィン」・ハウス、「ウルフソン」・ハウスと名づけられている。メダワー・ハウスは、老いの科学に挑んだメダワー教授の功績がたたえられて名づけられたビルだ。UCLのかのチャールズ・ダーウィンも、教壇に立った時代がある。

よくわからなかったのはウルフソン・ハウスである。パートリッジ教授の研究室は、当時ウルフソン・ハウスにあった。そして教授の在籍する研究室は、かつて、ダーウィンの従兄弟であったフランシス・ゴールトン卿が量的遺伝の研究を展開していた由緒あるラボだった。しかし、ウルフソンとはいったい誰であろうか？　ＵＣＬの若い人たちに聞いてもよくわからない。ある日、古参の教授に尋ねてみたら、ウルフソンは多額のお金を寄付した人だとの答えだった。なるほど、研究者であるぼくらは、まったく知らないわけだ。そういえば、英国にはウルフソン財団というものが存在する。

人間はもっと長寿になれるのか

――ローズ教授の追究――

アメリカでは二律背反仮説が、イギリスでは有害遺伝子仮説が支持されたと書いたが、1990年代なかばには、この2つは互いに受け入れられない仮説、つまり相反する仮説ではないということが明らかになってきた。

実は栄養の良し悪しによって、繁殖と寿命の二律背反がみられたり、みられなかったりするのだ。アメリカではローズ教授(138ページ)たちが寿命に関連するハエの性質について次々と調べつづけていた。彼らは、ハエの寿命がストレスによって変化することを見出した。適度な飢えにさらされたハエは、むしろ寿命が長くなったのだ。食事を無制限に与えると、本来の生理的な仕組みにコントロールされる寿命を再現できないということは、ハエだけでなく、マウスでも明らかにされている。

人の生活習慣病をみても、カロリー制限が大事であることはよく知られている。つまり、食することと老化は、密接に結びついて進化してきたのだ。そしてその結びつきには生殖も関わっている。交尾までの生殖活動や、卵を産むなどの繁殖活動は明らかに寿命を短くするのだ。そして、エサを減らすことで生殖が減少する研究もある。食餌の制限によって、明らかに寿命を先送りにできるのだ。言い換えると、栄養摂取の要因は、はっきりとある集団の平均寿命に変化をもたらす、といえる。

このことは、別の角度からみた実験でも明らかにされた。ローズ教授が寿命を先送りさせた結果、長寿になったショウジョウバエの系統では、飢餓に対する耐性が上昇していたのだ。そして長寿になったハエでは、若いときには多くの卵を産まなかった。これは成虫になってからエサとして食べた栄養を、卵巣で卵をつくるためではなく、脂肪を蓄《たくわ》えるためにつかったからだ。長寿バエでは多くのカロリーを脂肪として蓄えられるようになったため、長生きできるようになった。これが長寿を実現できたハエのメカニズムだった。

では、なぜ長寿のハエはより長く生き延びるため、多くのカロリーを蓄えておく必要があるのだろうか？　これには体内の代謝が関与している。代謝率の高いハエは、低いハエにくらべて早く死ぬのだ。要するに、寿命を先送りできたハエたちは、栄養を脂肪に置き換え、代謝率が低くなったのではないかと考えることができる。

ハエでのこうした成果を、実際に人間でも試そうとした研究者は、当然のことながら存在した。アメリカのロイ・ウォルフィード博士たちは、アリゾナ州にバイオスフィアという巨大な居住空間施設をつくった。バイオスフィアのなかには若い被験者たちが入って、自給自足で暮らしを支えていた。ある種の人口生態系とも考えられるこの空間のなかで低カロリー生活にさらされた被験者たちには、劇的な変化がもたらされた。彼らは減量し、コレステロール値、血中の脂肪値が下がり、医学的にみて心臓の血管の状態がよくなっていた。つまり動脈硬化や心臓病など、加齢にともなって高くなる疾患リスクが明らかに下がっていたのである。

ところが、問題点もみられた。被験者たちの活力、つまり生き生きとした表情がみられなくなってしまったのだ。心に悩みをもつ者も現れだした。実験を終え、この空間から解放された人々は、食事制限をやめ、もとの状態にもどってしまった。結局、このように人間を閉じ込めてしまう実験系によって、一定の成果はみられるものの、進化的なタイムスケールでなにかの改善策を見出すことは難しいということになる。

マイケル・ローズ教授はその著作『老化の進化論』のなかで、バイオスフィアの結果と、彼が沖縄を訪れたときの体験を綴っている。彼は２００１年に開催された国際長寿会議の招待講演者として沖縄を訪れた。そして概して低カロリーな沖縄の庶民に古くから伝わる料理に、寿命の先送りの希望を感じた。人間においてもカロリーを抑えることで寿命を延ばすことができるのならば、沖縄の人々が長く生きるのは当たり前で、人口統計学的なデータはこのことを指示しているのだ。そんな長寿県の沖縄の人々も、最近では高カロリーな食事を好む傾向があるのではないかという説には同意できる。味噌汁や野菜の炒め物など、様々な料理に混ぜられている輸入のポーク缶詰やら、おそらくこれもアメリカ軍の風習から広まったのではないかと察せられる海岸でのバーベキューパーティーなどをみれば、いまや若者が高カロリーな食事条件にさらされているのは、ぼくの個人的な経験からも明らかだ。中国との交易が盛んだった沖縄では、伝統的に多くの豚料理が存在する。一見、高カロリーにみえる豚足の煮込み（テビチ）料理があるが、あれはつくってみるとわかるのだが、何度も何度もゆでなおして、油分をゆで汁とともに捨てるのだ。もし油分を捨てないと、油が多すぎてとても食べられたものではない。ところが、戦後にかけて牛肉や豚肉のステーキなど、高カロリーな料理が街中に溢れるようになった。同じ食材をつかっていても、食文化は大きく異なってきている。今後、沖縄に暮らす人々の平均的な寿命の推移は、そのような観点からも、注視していくべきだろう。

――細胞の寿命――

人間の寿命と老化については、大昔から多くの人たちが議論してきた。とくに生物の基本単位のひとつである細胞に寿命があるのかについて注目された。スタンフォード大学（カリフォルニア州）の解剖学者であったレナード・ヘイフリック教授が現れるまでは、人間の細胞には寿命がないとの主張がメディアを席捲《せっけん》していたこともある。しかしヘイフリックは、1961年に細胞にも寿命があることをつきとめたのだ。これは**ヘイフリック限界**と呼ばれる細胞レベルの死亡の実態を表す原則だ。といっても、寿命の専門家でもない人にとっては、聞いたこともない言葉だろう。

ヘイフリックは、正常なヒトの細胞をペトリ皿の培地の上で培養すると、50回から60回の分裂を繰り返した後、徐々に分裂のスピードが遅くなり、分裂が止まることをみつけた。年齢が高い人の細胞ほど分裂する回数が少なくなる。ヒトのすべての細胞は、永久には分裂を繰り返さないのだ。ただし、若い人でも年寄りの人でも、この原理にしたがわない細胞が存在する。それが「がん細胞」である。ご存じのようにがん細胞は永遠に分裂を繰り返し、体内で増殖しつづけ、そしてその生命体の命を奪ってしまう。

細胞の寿命を決めるヘイフリック限界は生物によって異なる。ヒトでは50回程度だが、

100年以上も生きるゾウガメでは100回くらい細胞は分裂する。一方、4年ほどしか生存できないハツカネズミの細胞の分裂は15回程度で止まる。ある生物から取り出した細胞の分裂回数が多いほど、(よい環境で飼育された場合の)その生物の寿命が長いという一般則がみられるようだ。

ヘイフリックの出現は、それまで生命のメカニズムの機械的な故障によって老化が生じるとしていたそれ以前の考え方に、新しい考えをもたらした。しかしヘイフリックは、自身の発見に基づき、人間の寿命を延ばすのは無理だと一貫して主張している。老化の研究者のなかには、このように寿命の先送りにまったく否定的な考えをもち、老化を変化させようという試み自体が、生物学の事実を真っ向から否定すると主張しているものたちもいる。確かに老化の防止を考えるうえではヘイフリック限界は絶望的な現象に思えるが、これは少なくとも細胞のレベルでは、という話である。

この章でショウジョウバエの集団をつかった実験でみてきたように、繁殖を操作することで、人を含めて、集団の平均値としての寿命は確かに延長できるのである。

――寿命はいくつの遺伝子で決まるのか?――

1990年代の後半にはDNA解析の能力が目覚ましく進展した。寿命に関わる遺伝子は何個あるのか？　この問いに答えをみつけたのは、イギリスのリンダ・パートリッジ教授だった。彼女らのグループは、２００２年にショウジョウバエの寿命に関与する遺伝子の数を発表した。その数は、４００から５００というものだった。マイクロアレイ（全遺伝子の発現を小さなチップに埋め込んで、どの遺伝子の発現量が多いのかを比較できるマイクロチップ）をつかって、それを調べ上げたのだ。アメリカの研究では１００個程度だという推定値もある。

１００個にしても５００個にしても、多いことに変わりはなく、ここに問題が生じてくる。寿命を決定する遺伝子は、とても多い。ヒトには様々な病気があり、ひとつの遺伝子を調べるだけで、寿命に関わるすべての原因を特定でき、それに対処できるわけではない。

集団全体でみれば、個々の病気に対する処方が発達することは確かに前進ではあるが、人の平均値として寿命の先送りを実現させるには、まだへだたりがある。老化や寿命というのは、ひとつの原因だけで決まるような単純なものではない。むしろ老化という現象そのものを、ひとつの病気として捉えたほうがいいとする考え方もある。集団としては多くの原因を抱きかかえつつ、個々人については老いに向かわせる、あるいは死にいたらしめる特異な原因をもつのだから、ひとつの原因を特定できたからといって、集団の寿命を操作できたとはいえないのである。老化学者には、これをたくさんの頭をもつ怪獣にたとえるものもいる。

たとえひとつの頭を退治しても、老化が解決されることはない。ほかの病がその首をもたげて襲いかかるのだ。日本神話に登場するヤマタノオロチのようなものかもしれない。スサノオノミコトがしたように8つの首と尾をすべて麻痺させて、一度に処置しないことには、不死はやってこないのだ。

平均値としての寿命を先送りさせるという視点に立てば、生命が繁殖という行為にいたる時点の随分前、極端にいえば生まれたての個体については、たとえば衛生状態の改善とか、伝染病の予防だとかという対策が集団レベルでの寿命の先送りには大変効果がある。ところが、自然選択の力が働かない歳をとった集団については、やはり、個々の技術の改良だけで解決の日が来ることは難しいと考えられる。ここに老化と寿命という現象に、ほかの個々の病とは異なる側面をみることができる。

――老いを遅らせる――

老化の防止と寿命についいては、日々膨大な研究の蓄積が続けられている。老化や寿命に関連する遺伝因子は、先にも説明したように数百もある。世の中に病気の数が多いことをみれば歴然なように、寿命とは様々な要因が絡み合った総体としての現象なのである。老化の程度は可塑的なものであり、ダイエットと栄養に体が反応することで変えることができる。エイジングのもっとも中心的な仕組みは、年齢を経るにしたがって分子レベルでダメージが蓄積され、それが体を維持しようとするバランスを崩すのだと、長いあいだ考えられてきた。

複雑にみえる老化現象ではあるが、生物に、そしておそらく万人に広く共通する原因はある。言い換えると、寿命を延長させるコツとしての共通の理解がある。それは「適度な食事」だ。適切にコントロールされた食事が寿命を延ばすのに有効なことは、1935年にはすでに指摘されていた。現在、長期間にわたってカロリーをコントロールすることが効果的なことは、人間でもわかっている。いくつもの病気がおきるリスクを減らすのだ。

現代医学の急速な発達は、老化に多くの問題をもたらしている。ヒトの寿命は、ここ数十年で大幅に延びた。1930年代にホールデン（133ページ）が考えていた、人生の後半において発現する病気、つまりこれまでは自然選択にさらされて表面に現れてこなかった数多の病気が、高齢者に一気に襲いかかってきた、というのが現代人を襲う老いの現状だろう。それでも医学の進歩はとどまるところを知らない。人を幸せにするのかは別として、多くの末期の病気の患者を生かす技術は着実に進んでいるのだ。

――不老不死は手に入るのか――

分子生物学の研究では、近年、長寿に影響を及ぼす遺伝子が発見され、**長寿遺伝子**と呼ばれて研究が盛んに進められている。１９９０年代の初頭に、成虫でも１ミリほどの長さしかない線虫において研究が進められた。まず１９９０年、コロラド大学のトーマス・E・ジョンソン博士は加齢の速度をゆるやかにさせる *age-1* 突然変異体を発見し、"Science" 誌に発表した。１９９５年にはシーグフリッド・ヘキミ教授（カナダ、マギル大学）らも寿命が1.5倍も延長する *clk-1* 変異体をみつけた。１９９８年には線虫の寿命を2倍も長くする *daf-2* がシンシア・ケニョン博士ら（カリフォルニア大学）によって解明された。これらの遺伝子の発現が抑制された結果として寿命が延びると考えられた。

これに対して１９９１年に *SIR2* と名づけられた遺伝子がたくさん発現している出芽酵母では、寿命がよく延びることをマサチューセッツ工科大学のレオナルド・ガランテ教授がみつけた。これが現在、長寿遺伝子と呼ばれているものだ。教授らは次々と実験を行い、興味深いことに *SIR2* 遺伝子を様々な異なる生物でもみつけた。そして線虫とショウジョウバエでみつかった *SIR2* も、老化を抑制し、寿命を5割も先延ばしにできたのだ。

ガランテ教授の研究はさらに進む。ヒトを含むほ乳類にも *SIR2* とほぼ同じ配列遺伝子が7つもみつかっている。一般に**サーチュイン遺伝子**とも呼ばれるこれら長寿遺伝子の配列は、現在、その分子やタンパク質のメカニズムが目覚ましく解析されている。この遺伝子は、どうやらインシュリンがカロリー制限の主な要因となっていることと関係が深い。ショウジョウバエを用いた実験では、サーチュイン遺伝子を欠損させるとカロリー制限による寿命の延長がみられなくなる。このため、ヒトにおいてもサーチュインを活性化することで、カロリー制限でみられるように老化に対抗できる長寿化が実現できるのではないかと期待されている。

そのほかインシュリンの代謝経路が寿命に大きく影響することもわかっており、２００９年にリンダ・パートリッジ教授らの研究グループは、ショウジョウバエで炭水化物よりもタンパク質、なかでも非必須アミノ酸の制限で寿命が先延ばしにできることもみつけている。これらの研究は、将来には老いのメカニズムを明らかにし、以前に考えられていた人類の知恵からくらべれば、不老不死に近いような感触をぼくたちが手に入れられることにつながるのかもしれない。

明らかに人類は、太古にくらべれば、格段の長寿を手に入れている。「人間50年、下天《げてん》のうちをくらぶれば……」と詠った信長《のぶなが》である。現代の日本人の平均余命は80年だ。これは人類が様々な病気を克服してきた証しである。抗生物質はその最たるもので、昔なら本来の寿命が訪れる前に早々と死にいたらしめていた流行病の数々は、いまでは対処が可能となった。

その一方で、当然のことながら、寿命の延長だけが進めばよいというものではない。長寿社会は、数多の認知症患者やガンに悩む患者をつくりだした。老いを支配する要因は決してひとつではない。マイケル・ローズ教授は、その著書のなかで老化を司る遺伝子のことを、車の部品にたとえて解説している。車をつくる様々な部品のなかで、ある部品だけが壊れずに長持ちしてもあまり意味はないのだ。車が壊れてしまっては、生き残った部品の価値はない。部品が壊れないために必要な時間は、車の場合、せいぜい数年である。新車が世に出てから問題をきたした部品は、リコール対象となって無償で取り替えられる。体のなかのそれぞれの部位に生じる病気などの故障は、個別に対応するとしても、寿命と老いを考える場合は個別ではなく、全体の問題として考えなければならないのである。

たとえば精密な機械ほど寿命が長い、というのは、飛行機と車をくらべればわかりやすい。実は同じことが生物の種類の比較でも明らかにされている。横軸に生物のサイズを、縦軸に寿命をとって、様々な生物で寿命を比較してみると、生物の寿命はほぼ体の大きさに比例する。

一般的に生物の寿命は、体重と正の相関がみられる。つまり体重の重たい種類の生き物ほど長生きである。重さが1キログラム程度のモルモットの寿命は約8年だが、0.1キログラムしかないゴールデンハムスターの寿命は3年程度だ。５０００キログラム以上もあるアフリカゾウの寿命は50年を越える。これは生物の代謝速度を示す体重あたり（そして時間あたり）の酸素消費量が、重たい生物ほど指数的に増えるからだ。結局、小さな動物は寿命が短く、大きな動物の寿命は長いけれども、生涯にわたる代謝活性の量に置き換えて示せば、どの生き物でもほぼ同じになることがわかっている。また、体の大きさは、その生物の寿命とほぼきれいに比例すると書いたが、この比例から大きく外れる生物のひとつがコウモリなのだ。コウモリは同じくらいの体重のほ乳類とくらべるとかなり長生きなのである。たとえば体重が12グラムほどしかないとても小さなコウモリは、30年以上も生きることがわかっている。安定して空を飛ぶという能力をもつためには、細胞や組織が非常に優れていなければならないから、と考えられている。

——もしも寿命が50年延びたら——

さて、高齢期の寿命を延ばすことに希望はないのだろうか？　希望につながりそうな２つのことを書いてこの章を終えたいと思う。

ひとつは、「ウリミバエの実験結果」である。歳をとったメスのハエから採卵を続けたオールド集団では、長寿を実現できた。それにも関わらず、彼女らは生涯に及んで少しずつ死の直前に近づくまで、産卵を続け、そして死んだ。ヒトには高齢出産による多々な障害がみられる。そのため個人レベルでの老いを遅らせることには効果がないであろうが、ヒトという集団の寿命を考える際に、高齢期出産の実際的な障害を取り除くことが可能になるのであれば、繁殖という行為を人生のわりと後半まで遅らせることで、長寿の集団を実現できるということは理論的には可能かもしれない。ほかの病気に対してもそうであったように、医療的な進歩によって高齢出産による障害を少しずつ取り除くことに期待がもてるかもしれない。そうはいっても歳をとってから子育てをがんばるのは、体力的に大変だという方も多いだろう。

そこで、第2の希望となる「おばあさん」の登場だ。ウリミバエには子育てを手伝ってくれる祖母はいない（母だって子育てはしない）が、社会をもったぼくたちにはおばあさんという存在がいる。おばあさんのいる家庭では、子どもの生存率はより高いという事実がある。繁殖を終えて自分のDNAをもつ娘とともに暮らすおばあさんは、進んで自分の孫の面倒をみようとするだろう。自分のDNAを後世に残すことが生物の原点なのだから、それは生物の理にかなっている。おばあさんたちが、ゆとりと、ある種の責任をもって面倒をみれば、適応度の計算は現状とはかなり違ってくるだろう。これが「おばあさん効果」といわれているものである。つまり、子育てを手伝うおばあさんのいる家庭の孫は、より適応度が上がるというものだ。このおばあさん効果を世界で最初に思いついたのは、寿命の先送りに関する「拮抗的多面発現」を提唱したニューヨーク州立大学のジョージ・クリストファー・

ウィリアムズ教授（136ページ）である。彼は女性に閉経が訪れることもまた、自然選択の目からみれば人類の繁栄にとって有利に働いたのではないか、と考える。

念のためにいっておくが、孫を育てるのに大きな力を発揮するならば、おじいさんだって「おばあさん」と遜色なく貢献できるはずだとぼくは信じたい。この「おばあさん効果」の考えは、進化的な視点では大きな希望となる。孫の子育てを手伝い、より多くの孫を残すことのできた遺伝子は、再び自然選択の目を振り向かせることになるはずだからだ。これから実証研究を積み重ねることで詳しい検証の待たれるおばあさん効果ではあるが、この効果は子育てを終えてなおあまりある人生を霊長類にもたらした先祖の遺産でもあること、そして人類の長寿をもたらしたひとつの要因はやはりおばあさん効果であるとホウクス教授（ユタ大学）は２００３年と２０１２年に公表した論文に書き記している。

ヒトは元来、集団で狩りをして暮らし、そしてのちに家族が生活の単位となった動物である。子育ても集団で行うというのがヒトの基本型だったはずだ。翻《ひるがえ》って、核家族化の進む現代社会である。子育てにはたくさんの目が必要なのだ。医療の進んだいまこそ、祖父母の余力を暮らしに再びうまく活用する取り組みは、老いと繁殖の科学が教えてくれるヒトとしての原点に立ちもどることなのかもしれないと思うのである。

老化と寿命の問題は、自然選択の目から容赦なく追放されるという点が進化生物学的には根本問題としてずっとぼくたちの目の前に横たわっている。ならば、自然選択の目を高齢者にも振り向かせる工夫は、ぼくたちの希望になるに違いない。

第四章

体のなかの時計を追いかける

まぶしい太陽の光をあびると目が覚める。午前中は仕事に集中しやすいが、昼食をすませると眠たくなる。夕方に再び活力が湧く。そして夜、電気が消えると眠たくなって、眠ってしまう。地球で生まれたぼくたちはそんな毎日をリズミックに繰り返す。体温も朝と夜では異なる。なぜ、ぼくたちは昼と夜で体の様子が異なるのだろうか？

それはぼくたちが体のなかに時計をもっているからだ。**体内時計**である。

時計は体のすべての細胞に存在している。個々の細胞にある時計は、脳の視交叉《しこうさ》上核《じょうかく》という部分にあるマスタークロックと呼ばれる中枢時計に支配されている。日常生活はリズムをともなった出来事に溢れているが、それが狂わない限り、リズムの大切さに気がつかない。

体のなかにある時計を動かしているものは、**時計遺伝子**と呼ばれる。時計遺伝子は、そのメカニズムがかなりわかっている分子生物学の学問の系だ。ところがその進化的な意味はあまり解明されていない。そういう意味で、時計の生物学の研究史は前章までに述べたトピックスとは異なった歴史的背景によって研究が進んだ分野なのである。

本章では、リズムをつくる体内時計と時を刻む遺伝子を追いつづけた研究者たちの歴史をひもといてみる。そこからみえてくることは、体内時計の理解は、そのメカニズムを分子レベルで理解することへの挑戦だった、ということだ。それでは体のなかの時計を追いかけた人たちの歴史に時計の針を巻きもどしてみよう。

体内時計に関わる遺伝子

——体のなかの時計の発見——

睡眠の話から始めよう。朝日をあびると目が覚める。夕食をすませ、夜の帳《とばり》が下りる頃、睡魔が襲い眠りにつく。多くの人は毎日、睡眠と覚醒を繰り返す。このような目覚めと眠りが交互に訪れる生活は、朝日と闇の刺激によって引き起こされるのではない。永遠に暗闇の世界で生活したとしても、人間はほぼ24時間おきに起きたり寝たりを繰り返すのだ。

マックス・プランク研究所（ドイツ）のユルゲン・アショフ教授（1913〜1998）は、実験として26人の人間に地中に掘った真っ暗な地下室のなかに入って生活してもらった。睡眠と覚醒を記録する実験が世界で初めて行われたのだ。1962年のことだ。地下室には光もメディアの情報も届かない。もちろん人間がつくった時計もない。ところが数日が経過すると、地下室の住民はほぼ25時間の周期で起きては寝るようになった。体温や排尿も調べられたが、25時間のサイクルで増減した。つまり、人は太陽の光をあびなくても、体のなかの時計にしたがって動いていたのである。

この時計はほぼ24時間で自律的に振動を繰り返すことから**概日時計**と呼ばれている。このアショフ教授による実験の結果が、後に人間の加齢、睡眠障害、海外への長距離フライトの際に生じるジェットラグ（時差ボケ）など、人間のリズムに関わるあらゆる研究の発端となった。薬はいつ飲めばよいのか？　どのような睡眠がもっとも質のよい眠りなのか？　ヒトが体感する体内リズムの研究は、すべて教授のこの実験から始まったといっても過言ではない。

ここでさらに、体内時計の発見まで100年ほど時を遡ってみよう。

体のなかには時計がある。これを初めて人類に教えてくれた生物は植物だった。マメ科のネムノキの葉が、ずっと光をあてた状態のままでも22～23時間おきに閉じたり開いたりすることが1832年に明らかにされたのだ。この実験を行ったのはジュネーブ大学（スイス）のオーギュスタン・ドゥ・カンドール教授（1778～1841）である。スイス人で植物学者でもあった教授は、当時、ダーウィンの自然選択説にも理解を示した分類学者でもあったという。1865年には、チャールズ・ダーウィンも多くの植物種をつかって、葉の開閉が日周運動を行う様子を詳しく観察している。

葉が開閉するという発見は、その後ドイツ人のエルヴィン・ビュニング博士（１９０６～１９９０）によって、正確に記録されることになる。ビュニング博士は、暗箱のなかにインゲンマメの鉢植えをおいた。自動的に葉の上下の運動を記録できる装置を編み出して、葉が閉じたり開いたりする様子を紙に記録した。そして、温度を等しく保ち、ずっと電気を消した暗箱のなかでも、インゲンの葉は25.4時間おきに閉じたり開いたりを繰り返していることをつきとめた。24時間ちょうどではないところが面白いが、ここに概日リズム、つまり、おおよそ24時間の時計を生物はもっているのではないかということが科学的に初めて報告されたのだ。時は１９３１年のフランクフルトである。これが有名な体内時計の最初の発見だ。

ビュニング博士は、１００本のインゲンマメの体内時計の長さも測ってみた。そうするとほとんどの苗は、24～26時間の周期で葉を閉じたり開いたりしていた。なかには24時間とは大幅にずれた時計をもつものもあり、短いものでは12時間ほど、長いものでは30時間よりも長い概日時計をもつ苗もあった。この時計の大幅なばらつきについて、その後に詳しく調べた研究者はいなかったが、この発見は、なぜ自然界にこれほど時計のばらつきがある植物が存在するのか？　という問いかけでもある。この問いはあとで再び述べるように、現代の生物学をもってしてもまだ解けていない。

さてメカニズムの話にもどろう。マメという植物で発見された体内時計は、そのあと小さなハエをつかって、その存在が分子のメカニズムにまで詳細に明らかにされることになる。

——時を操る遺伝子を追求した科学者——

1日には、決まった時間に寝て、食事をするというパターンがある。このような1日のうちに生じる生物の行動の変化と遺伝子はどのように関係しているのだろうか。DNAのらせんを発見したワトソンやクリックとも議論をしながら、DNAの構造そのものではなく、行動と遺伝子のつながりに興味をもって没頭した研究者がいる。カリフォルニア工科大学のシーモア・ベンザー教授（1921~2007）だ。

教授はワトソンやクリックがDNAのらせんを発見した大腸菌ではなく、もう少し生物らしい面白い動きをする実験材料はないか探していた。そして遺伝学の材料として有名なキイロショウジョウバエにたどり着いた。教授はいろいろな個性をもつハエを自動的に分ける装置を工夫し、概日リズムが狂ったショウジョウバエの個体をつくることにした。まずショウジョウバエをとある化学物質にさらすことで、通常のハエとは異なる性質をもったハエをつくってみると、幸運なことに異なる3つの性質ができあがった。ひとつは、とても短い18時間という時計をもち合わせたハエであり、もうひとつは30時間というとても長い時計をもっているハエだ。そしてあとひとつはリズムをなくしたハエだった。リズムをなくしたハエは四六時中動きまわっており、これらは遺伝子に異常をもつ突然変異体であった。短い時計をもつハエはショート、長い時計をもつハエはロング、リズムをなくしたハエはアリズムと名づけられた。

後に体内時計のミクロの仕組みを明らかにすることとなる、歴史的なこの3つの変異体のハエについて、教授は当時指導していた学生のコノプカと共同で発表をした。「コノプカとベンザーの論文」といえば、時間を扱う生物学者は瞬時に思い浮かぶだろう。教授らはこの変異体がいずれも「時計の長さ」を狂わせることから、これらの変異体を**ピリオド**（*period*）と名づけた。１９７１年のことだ。

——時計遺伝子の数——

体内時計の遺伝子の配列が世界で初めて解読されたのは１９８４年だった。ベンザー教授が時計変異体をみつけてからおよそ30年の時がたっていた。遺伝コードを構成する塩基配列を読む「シークエンス」と呼ばれる作業によって、時計遺伝子も解読され、この3つの変異は、実はひとつの染色体のうち、距離にして４５００個のＤＮＡ塩基の並びのなかに生じた1個の塩基の置き換わりによる変異であることがわかった。ロングのハエはバリンがアスパラギン酸に、ショートのハエはセリンからアスパラギンにアミノ酸が置き換わっていた。そしてアリズムのハエは、ショートとロングで塩基が変わっていた点と点のあいだのある場所から先が読みとれなくなっており、そのため周期的な行動がみられなくなってしまうのだった。

キイロショウジョウバエで読み解かれたこの時計の変異体は**ピリオド遺伝子**と呼ばれて"Science"誌に紹介され、10年後の1994年には第2の時計遺伝子である**タイムレス**が発見された。

当時、生物が時を刻むメカニズムは、いまから考えればとても単純なものと考えられていた。生物の細胞をみてみると、細胞質のなかに核と呼ばれるDNA情報のつまった物体が浮かんでいて、核のなかにはピリオド遺伝子とタイムレス遺伝子の2つがあるとされていた。遺伝子はアミノ酸をつくれという指令を発する暗号であり、この指令は伝令役のメッセンジャーRNAに読み替えられ、タンパク質のもとになるアミノ酸が生成される。2つの時計遺伝子DNAが、細胞質のなかにそれぞれPERとTIMと呼ばれる時計タンパク質をつくれ！　という指令を発する。（ちなみに生物学では大文字のアルファベットで表すPERやTIMはタンパク質、小文字の斜体で示す*per*や*tim*はその遺伝子を表すという決めごとがある。）つくられた2つのタンパク質が細胞質のなかでドッキングして一定の時間が過ぎると、細胞質のなかにドッキングした時計タンパク質がどんどん増えていく。タンパク質の数がある程度を超えると、核のなかの時計遺伝子に再び指令がフィードバックされる。その指令は「時計タンパク質の生産をストップせよ」だ。時計タンパク質をつくれと指令してから、ストップせよという指令までのあいだ、つまり細胞質のなかに時計タンパク質が満たされては、再び減っていくまでの時間が、ほぼ24時間なのだ。これがハエにおいて24時間というタイムスパンを計測している仕組みだった。この時点では、時計を刻むその部品は2個だったのだ。

――マウスでみつかった時計――

さて、1997年は時計遺伝子研究の歴史に残る画期的な年となった。この年、日系アメリカ人であるジョゼフ・タカハシたちの研究チームが、マウスにタイムレス遺伝子が存在することを“Science”誌に発表し、日本人研究者の程肇《ていはじめ》博士（当時東京大学）が、ハエでみつかったピリオドと同じ遺伝子が、ほ乳類のマウスにも存在することを“Nature”誌に発表した。さらにヒトにも同じ遺伝子があることがわかってきた。ビーマルワン（*bmal1*）と名づけられた時計遺伝子が日本の池田正明博士（埼玉医大）によってクローニングされたのも1997年だった。

これらの発見が体内の時計をめぐる生物学の状況を一変させた。つまりヒトの生活リズムや睡眠リズムの分子メカニズムが明らかになる可能性が生じたのだ。ことは、もはや昆虫のリズムや生物学だけにはとどまらない。人の生活リズムを明らかにすることができれば、遺伝子医療の発展や薬の開発にもつながる。薬の効果をもっとも発揮させる時刻はいつか？とか、効率的な栄養摂取のタイミングは？　などの疑問についても分子レベルで解明されるかもしれないのだ。人類の暮らしを変える可能性が目の前に広がり、莫大な研究の予算にもつながることになった。博物学の時代のようにお金持ちのパトロンに頼って研究をするのではなく、国家の戦略として医療技術に莫大な予算がつく時代へと、生命科学は大きく変化した。

世界の多くの分子生物学者が、ほ乳類やハエにほかにも時を司る遺伝子がないか、その発見合戦に我さきを競った。そして1998年にはダブルタイム（*dbt*）、クロック（*clk*）、サイクル（*cyc*）、クリプトクロム（*cry*）という新たな4つの時計遺伝子がみつかり、さらに2001年までには9番目の時計遺伝子シャギーがみつかった。はてさて、生物は体のなかにいったいいくつの時計遺伝子をもっているのだろうか？　というのが、次に明らかにすべき課題となった。2001年には9個の部品によって時を刻む体内時計の設計図が描かれ、さながら腕時計に時を刻むためのたくさんの部品がつまっているのと同じようなものとなった。

——ヒトでの研究——

2000年代のはじめ、DNA解析の本質を飛躍的に変えることになる技術が出現した。それはマイクロアレイと呼ばれるものだ。この手法をつかうと、細胞のなかにある遺伝子のうち、どれだけの遺伝子が周期変動を示しているのかが明らかになる。これをつかって、上田泰己博士（東京大学）と松本顕博士（当時九州大学）は、ヒトの体のなかで周期変動する遺伝子の数を調べた。すると、なんと数千以上もの遺伝子が様々な周期で変動していることが2002年に明らかにされた。そして、数千もある周期的な遺伝子をそれこそ網羅的に調査することで、概日時計に関与する新たな時計遺伝子群もみつかったのだ。注意すべきは、周期発現する遺伝子のすべてが概日を制御するシステムに関わっているとは限らないことだ。ヒトをはじめ、動物の体のなかには、およそ1日の周期に関わる概日時計のほかに、数秒単位でサイクルする神経の反応のようなシステムも周期を示すし、月に一度、女性にやってくる周期的な発現システムも保たれている。季節の移ろいにしたがって周期的な発現をするホルモンもあるだろう。

しかし、数千もみつかった周期変動する遺伝子のなかから、新たに24時間の時計に関連する遺伝子の系もみつかったのだ。そのひとつが、松本顕博士たちがみつけた新たなる時計遺伝子であり、これは1971年に公開されたアメリカ映画『時計じかけのオレンジ』にちなんで、クロック・ワーク・オレンジ（cwo）と名づけられた。2007年の出来事だった。

いま、概日時計に関わる遺伝子の数は10個以上もみつかっている。このように時計遺伝子をみつけるという研究は、1998年から10年くらいのあいだに世界で集中的に行われた。そして日本人の生物学研究者たちの貢献は非常に大きい。2007年に東京で行われた体内時計に関する国際シンポジウムの懇親会のときだと記憶しているが、アメリカから参加したビエブトウィック博士（オレゴン州立大学）が、「日本の時計遺伝子の研究はライジング・サンのごときだ！」と感嘆していたのは印象深い。時計遺伝子の研究は、日本が世界のなかでも中心的役割を果たしている研究分野のひとつなのである。

時計遺伝子の分子解析がほ乳類で進んだことで、ヒトの時計遺伝子の研究も飛躍的に進みつつある。ヒトにおいて体内時計の研究が進展したことによって、これまでの医療をも変えつつある。ひとつが睡眠と概日リズムの関係であり、脳から分泌される睡眠ホルモンのメラトニンは年老いるとその生産量が少なくなり、そのために睡眠が浅くなると考えられている。そこでメラトニンを補給するためのサプリメントがつくられたりしている。

体内時計の研究が進むにつれて、飲んだ薬がもっとも効率よく体に吸収される時間帯はいつか、という研究も近年には急速に盛んになってきた。より質のよい睡眠、そしてより健康的な生活を送りたいと願うのは万人の共通するところだろう。

——時を刻む最少の遺伝子の数——

ショウジョウバエの体内では、少なくとも十数個以上の時計に関する部品が互いに関連し合いながら時を刻んでいる。では最低で何個の部品があれば生物の時計は動くのだろうか。言い換えると、時計を動かす最小の遺伝子の数はいくつだろうか。

この問いに答えた生物は、シアノバクテリアとも呼ばれる藍藻《らんそう》である。シアノバクテリアは核をもたない原核生物に分類されるが、原核生物のなかで概日リズムが観察されているのはこれまでのところシアノバクテリアのみである（シアノバクテリアは光合成を行う）。これまでのところ概日リズムをもつもののなかで、もっとも単純な生き物がシアノバクテリアなのである。

では、そのシアノバクテリアでは、何個の遺伝子が時を刻んでいるのだろうか。驚くべきことに、3つの遺伝子だけでリズムがつくられていることがわかった。このシアノバクテリアの概日リズムのメカニズムを明らかにしたのは、名古屋大学の近藤孝男教授と共同研究者たちである。

近藤教授は、概日リズムの研究で世界的に著名な研究者である。以前、教授に研究の進め方のお話をお聞きしたことがある。そのときにぼくが受けた印象だが、教授はもちろん大変優れた研究者でかつ研究グループの強いリーダーなのだが、それよりも精密な機械づくりを心から楽しむ職人のように思えた。それは教授がシアノバクテリアの概日リズムを、目にみえるかたちで示した工夫にもみることができる。教授は体内時計を可視化したのだ。遺伝子組み換えが簡単にできるシアノバクテリアの利点を生かして、教授はリズム測定を容易にするために概日リズムを制御していると考えられる遺伝子のプロモーター（遺伝子の読みとりの開始部分）に支配されている部分に生物発光遺伝子、つまり光る遺伝子を挿入した。形質を転換したこのシアノバクテリアは概日時計の制御を受けて、発光酵素であるルシフェラーゼを合成する。すると、概日時計の振動に合わせて、シアノバクテリアの発する光が強くなったり、弱くなったりするのだ。この光の強弱が、シアノバクテリアの体内時計の周期を示しているわけだ。

教授の本領はある工夫によってさらに発揮される。まるでたこ焼き器のような穴のある円盤の金属製の回転台の上に、発光をモニタリングできるＣＣＤカメラが設置されている。このカメラでくぼみのなかで光るシアノバクテリアの発光のリズムを自動的に計測していくのだ。これによりたくさんのシアノバクテリアの概日時計を一気に比較することが可能となった。この測定装置は、教授の手づくりだ。（いまではコンドートロンと名づけられ、広く研究者につかわれている。）シアノバクテリアが発する光は、このたこ焼き器の上で10日ものあいだ強弱を繰り返して、周期を示しつづけた。

このお手製の装置をつかって、教授たちの研究グループは、シアノバクテリアの概日リズムをコントロールしている遺伝子をつきとめた。その結果、*kaiA*、*kaiB*、*kaiC* と名づけられた3個の時計遺伝子がみつかった。１９９６年頃、世界に先駆けて発表された研究である。

その後、近藤教授の研究グループの岩崎秀雄博士らは、この時計遺伝子が生産する3つのタンパク質をつかってリン酸化のリズムを試験管内で構成することに成功した。考えられているメカニズムは、驚くほど単純のように思える。細胞のなかにある3つのうちのひとつ（KaiC）のタンパク質が刺激を受けると、これが残りの2つのタンパク質の影響を受けてリン酸化される。逆にリン酸化したKaiCタンパク質が増えすぎると、今度は脱リン酸化される。早い話が、あるタンパク質にリン酸基がくっついたり、離れたりすることが自己制御的に周期的におこる現象が、シアノバクテリアのリズムの正体というわけだ。ここに3つの要素だけで時計が駆動するという現象が世界で初めて明らかにされたのである。

――共通するもの――

遺伝子の配列を読むシーケンサーという機械の改良によって、ゲノム研究はかつてない飛躍的な速さで進んでいる。ある生物でみつかった塩基の配列が、ほかの生物でどのような役割を果たしているのかについて、すでにゲノム情報がわかっている生物と同じような遺伝子の配列（これを**相同配列**と呼ぶ）から類推して絞り込んでいくという手法が、いまや当たり前のように行われている。ゲノムまで情報を下れば、もはや個々の生物の実体とはかい離しても研究はできるのだ。

このような研究手法を駆使して、現在では時を刻む分子のメカニズムがいくつもの生物で明らかにされている。生物の分け方にはいろいろなものがあり、過去から現在まで統一して正しいとされるものはない。しかし、比較的長いあいだ正しいとされてきた分類体系のひとつに、生物界を5つのグループに分ける方法があり、これは**五界説**と呼ばれる。最近では古細菌の発見により、五界説ではすべてを説明できないとされているが、ここでは便宜的に5つのグループと時計の関係について述べる。結論からいうと、すべての界の生物に体内時計は存在するのである。

五界説では生物はモネラ界、動物、菌類、植物、原生生物の5つに分かれる。モネラ界の原核生物である藍藻では *kaiC, kaiA, kaiB* という3つの時計遺伝子がみつかっているのは先に書いたとおりである。真核の原生生物クラミドモナスでは、ROC遺伝子の関与が知られており、菌類ではアカパンカビで *frq* 遺伝子が関与する時計のメカニズムが、そして植物では *lhy, toc1* などを含む時計遺伝子の関与が明らかにされている。そして、動物ではショウジョウバエで明らかにされた *per, cry, cwo* などの時計遺伝子群が時を刻む遺伝子である。要するに時計をつくっている部品は異なるものの、ほぼすべての生物に時を測る時計が存在するのだ。

さらりと述べたが、動物においては、ハエでもマウスでも基本的に時計を構成する部品である遺伝子は同じなのである。少し詳しく書くと、ハエではPERタンパク質とくっつくTIMELESSタンパク質は、マウスではCRYタンパク質という部品に置き換わっている。さらに *per* 遺伝子と相棒遺伝子のセットがハエではひとつであるのだが、マウスでは3セットも存在する。なぜ3つのセットが必要なのかはわかっていない。ある人は、それはメカニズムの保障性の違いと関わるのではないかと考えている。ゲノム生物学を研究している人にとっては、昆虫もほ乳類も基本的には同じような遺伝子セットをもっていることは、いまではおそらく当たり前のことと受けとめられていると思う。しかし、ゲノム研究をしていないものにとっては、昆虫と人間で機能している遺伝子の原理は同じだといわれると少し違和感を抱くのではないだろうか？　ハエの時計遺伝子の研究を始めた頃のぼくは、この事実に少なからず驚いて混乱していた。１９９５年頃に感じたショックだった。

ハエの増殖からわかったこと

――ウリミバエの体内時計――

時計遺伝子が、第三章で述べたウリミバエの防除事業においても鍵となっていることを紹介しよう。ウリミバエは1993年に尖閣諸島を除く日本の領土より根絶された。我が国でウリミバエが根絶された後には、再びこのハエが外国からもち込まれたり、主に東南アジアなどの近隣諸国から飛来してくることを防ぐことが、果実類の農産物を守るうえでもっとも重要なテーマとなっている。もともとウリミバエは、1900年代のはじめに東南アジアから南西諸島に侵入した。当時よりも諸外国との交易が盛んになった現在、再びウリミバエが海外から侵入するのを防がなければならないのだ。

さて、もしウリミバエが再び日本の領土内に侵入したときには、現在の技術では、大量に増殖されたウリミバエの人工的なストックを再び不妊化して野外に放つしか、根絶する方法はない。そうしなければ、またたく間にウリミバエは国内に蔓延し、スイカやメロンやゴーヤーを自由に生産・出荷することができなくなる。そのために、ハエのストックを飼いつづけて、いざというときに不妊化して野外に放つシステムをいつも常備しておく必要があるのである。これは火事がなくとも消防車を常備して、訓練を積んだ消防士が待機しておかなければならない事実と同じである。

さて、ここにウリミバエの生活において鍵となる性質がある。このハエのオスは毎日のように交尾できるが、交尾をしたくなる時間帯が夕方だけに限られているのだ。さらにメスはもっと厳格で、1日のうち日没の直前、40分くらいのあいだしか交尾を受け入れないのだ。毎日の限られた時間帯にしか交尾をしないという性質は、このハエの時計遺伝子によって制御されていることをぼくたちは明らかにした。

といってしまえば簡単だが、交尾する時刻が時計遺伝子によって支配されていることを、ぼくは研究仲間とともに10年あまりの歳月をかけて明らかにしたのだ。

ことは第三章でも出てきたウリミバエの大量増殖に始まる。野外から採集してきたハエにくらべて、飼育して世代を重ねたハエの交尾する時間帯がどんどん早くなっていたのだ。この謎を調べるために、ぼくは1日のうちの早い時刻に交尾するハエの集団と、遅い時刻に交尾するハエの集団を、これまた育種という手法を用いて作成することに成功した。交尾時刻の異なる集団では、概日リズムが大きく異なることがわかった。そこで早い時刻と遅い時刻に交尾する2つの集団を交配させて子どもと孫をつくり、彼らの交尾時刻と概日リズムを調べたところ、どうやら1個の遺伝子が関与することがわかった。

――交尾のタイミングを司る遺伝子――

10年に及ぶ研究について振り返ってみよう。その遺伝子について考えはじめたのは1996年であった。このウリミバエの遺伝子探しには、九州大学でキイロショウジョウバエの時計を研究していた谷村禎一先生と松本顕先生（現在順天堂大学、197ページ）に興味をもっていただいた。そして共同で、というよりお二方の手ほどきを受けつつウリミバエの交尾時刻をコントロールする時計遺伝子探しの日々が始まったのだ。1998年にロンドンから帰国したぼくは、すぐに松本先生の指導のもとウリミバエの遺伝子探索に乗り出した。といっても、分子生物学的な研究は、後に研究室の若い院生たちが研究を進めてくれた。

1990年の終わりにはウリミバエにも時計タンパク質であるPERタンパク質が存在し、その発現が1日のうちで概日周期的に変動することがわかった。ほ乳類でもハエでも基本的に同じ時計メカニズムが存在することがわかったいまではなんの驚きもないが、マウスに時計遺伝子があるとはだれもわからなかった当時はショウジョウバエと同じ*per*遺伝子がウリミバエに存在して、ウリミバエの周期に関与しているというだけでも驚くべき事実だった。

松本先生は、両者の集団のハエから頭を切除し、頭のなかに発現する *per* のメッセンジャーRNAの量がどのような周期で変動するのかを調べてくれた。その結果、早い時刻に交尾する集団からサンプルしたハエの頭のなかでは20時間おきに頭のなかの *per* は多くなった。これにくらべて遅い時刻に交尾するハエの頭のなかでは、*per* は31時間おきにその量が増減したのだ。

この結果は、ウリミバエの交尾時刻を司る分子機構に *per* が関与していることを示している。これがわかったのは2000年頃であった。すでに書いたように、1998年にハエの時計を司る遺伝子は10個近くもみつかっており、それらのうち、どの時計遺伝子に異常や変異が生じても、ウリミバエのリズムが変わってしまい、交尾するタイミングも変わってしまうと考えられた。もし *per* 遺伝子が交尾時刻を司る遺伝子でなければ、いったいぼくたちは、どれだけの遺伝子を調べればよいのだろうか？

この不安はさっそく的中することになった。早い時刻に交尾するハエと遅い時刻に交尾するハエからサンプルした *per* 遺伝子には、アミノ酸レベルでなんの違いも認められなかったのだ。*per* 遺伝子はゴールではなかった。ショウジョウバエの時を司っていた *per* 遺伝子は、ウリミバエの時を司ってはいないようだった。すでに２００８年を迎えようとしていたが、この頃には時計遺伝子の研究のメインは、ショウジョウバエではなくマウスに移っていた。マウスで明らかとなる結果は、すぐにヒトにも応用できて、人の役に立つためだ。それでもぼくはあきらめずに、ウリミバエの時計遺伝子の探索を続けることにした。この研究には、渕側《ふちかわ》太郎博士（現在京都大学）が精力的に携わって研究を進展させてくれた。そのおかげで、２０１０年までには、シャギー（*sgg*）、ダブルタイム（*dbt*）、サイクル（*cyc*）、クロック（*clk*）といった時計遺伝子の解析をほぼ終えて、そのすべてが交尾時刻とは関係なさそうだということがわかった。それでも６番目に手がけた *cry* という遺伝子が、ついに当たりのようだった。ウリミバエで光を受容するときに役割を果たすクリプトクローム（*cry*）遺伝子のアミノ酸が、早い時間と遅い時間に交尾する２つの集団のハエで異なっていたのだ。この遺伝子の５０２番目のアミノ酸が早い時刻に交尾するハエではリシンで、遅い時刻に交尾するハエではアスパラギンに置き換わっていたことが渕側博士によって明らかにされた。このとき、すでに２０１１年になっていた。

これで交尾時刻を決める遺伝子が１００％、クリプトクロームだというゴールにたどり着いたわけではなく、それを決定づけるにはさらに実験が必要ではある。しかし実際に、交尾を開始する時刻がとても早い台湾に生息するハエでは、このアミノ酸はリシンであり、遅い時刻に交尾する集団のウリミバエのこのアミノ酸を調べるとアスパラギンなのだ。ぼくたちは限りなくゴールに近づいているのだと思う。

現在、沖縄で大量に増殖しているハエと、台湾でサンプルしたハエの標本から、そのハエがどれくらいの時刻に交尾をするハエなのか、時計遺伝子を解析するだけで見当がつくようになったのだ。

――進化から解放されたハエたち――

ウリミバエの時計遺伝子の研究を続けていて、もうひとつ不思議なことにぼくは気づいていた。それは、野外から採集してきたミバエの概日時計の周期の長さはかなり均一なのにくらべて、大量に増殖しつづけたハエの概日時計の長さは個体によってものすごくばらつきがあるのだ。1日の長さが19時間の時計をもつハエもいれば、30時間の時計をもつハエもいる。大量にハエの増殖を開始する際に、野外からサンプリングしてきた最初のハエの数があまりにも少ない場合は、第一章で述べたドリフトの効果によって遺伝的な時計の変異は小さくなってしまう。そののちの世代の個体がもつ時計の変異の大きさは、飼育を開始した時点のハエの数に規制される。これは進化生物学でいうところの創始者効果や瓶首効果と同じ仕組みである。これはひとつの仮説なのだが、ハエ工場のなかで長い年月のあいだ大量に増殖されつづけたハエには、「自然選択や性選択が働かない」のではないだろうか。

野外と違って、工場のなかには夜に脅威となる捕食者のヤモリやトカゲがいない。昼間に飛ぶハエの脅威となる捕食者であるアシナガバチやスズメバチもいない。野外ではこのような捕食者の存在が、捕食による選択圧となって世代を経て、状況に適したハエを選び出し、そして夕方という限られた時刻に交尾が集中するようになるのだ。工場のなかでハエたちは、自然選択から解放されるのだ！

性選択についても同じように考えることができる。ぎゅうぎゅうづめに飼育容器のなかで飼われているオスのハエは、いつだってメスに求愛できるし、変な時刻に交尾をしてしまったメスとオスでも子どもを残せる。このような状態が世代を経て続く状態では、いつ交尾しても適応度（ある個体がその生涯で生んだ次世代の子のうち、繁殖年齢まで成長できた子の数のことで、生き延びる上での有利さや不利さを表す指標）に関係ないということになる。工場のなかではハエたちは性選択からも解放されるのだ！

このようなことを考えるたびに疑問に思うことがある。生物が概日時計をもつことの適応的な意義はなんだろうか？　この本の第一章から問いつづけてきた適応と進化の問題を、時計の問題にあてはめてみるとどのように理解できるのだろうか。

実は、ここに双方向の生物学の歴史をみることができる。これまで語ってきた、性と交尾行動、老化と死は、自然選択や性選択といった適応の問題からスタートし、語りかけた。ところが、生物時計については、適応ではなくメカニズムの問題から語ってきた。これは生物時計研究自体のおもな歴史の流れがそうだったからである。

概日時計システムの研究は、生理学に始まって、遺伝学そして分子生物学の研究手法によって花開き、そのメカニズムがよくわかった生物モデルの立派な系として、現代生物学に君臨してきた。しかし、いやだからこそ、時計の存在する適応的な意義の研究が置き去りにされてきたのだ。

では概日時計をもつことは、生物が野外で生き延びていくうえで適応的なのだろうか？

概日時計は適応的か

――生き延びるための概日リズム――

この問いかけにヒントを与えていた2人の研究者がいたのである。紹介しよう。

一人は、サウスカロライナ大学のパトリシア・デコーシー博士である。

時計を研究する材料として、遺伝子配列のわかっているモデル生物であるショウジョウバエやシアノバクテリア、マウスなどを扱うことが多い。これらはすべて室内で飼育できるものだが、時計のメカニズムを探ろうとしてきたこの学問の歴史上、それは致し方のないことだ。実験生物の個性、つまり個体による変異は限りなく取り除かれる。そうしないと、個体による変異はノイズとして結果に表れ、なにが正しい結果なのかわからないからである。ところが生物の進化を考える学問では、個体の変異そのものの存在の理由を考え、そのうえで、個々の生物に内因するメカニズムを考える。

このような世界にあって、デコーシー博士は常に野外に暮らす生き物に関心をもって研究を続けてきた。ニューヨークのハンターカレッジに通った彼女は、ロングアイランドの木立ちに棲む鳥の数を数え、鳴き声を聞き、マンハッタンの街の風を自転車で切りながら学生時代を過ごしていた。コーネル大学とドイツの研究所において概日リズムの研究に従事したあと、サウスカロライナ大学に職を得た彼女は、シマリスたちの概日リズムを調べた。野外で暮らす生物たちが生きていくうえで、概日リズムをもつことは果たして必要なのだろうか？という疑問に彼女は心を奪われたのである。

1990年代の後半に、博士はこの疑問に答えるべく、バージニアの森林地域に設置された壁に囲まれた4ヘクタールのエリアをつかって、大々的な野外実験を行った。彼女は手術することで概日リズムのペースメーカーを欠くリスをつくった。ほ乳類の概日リズムのペースメーカーは、脳のなかにある視交差上核と呼ばれる場所にある。彼女はレーザーをつかってペースメーカーを傷つけたリスと、手術のマネだけを行ってペースメーカーを体に残したリスをそれぞれ20匹以上も準備した。そしてリスの巣穴まで追跡が可能なラジオ音波と生きたままリスを捕獲できる罠《わな》をつかって、放したリスたちの行動を記録した。

80日間のリスたちの生存が調べられた。その結果、ペースメーカーを傷つけられたリスたちは、処理をしなかったリスたちにくらべて、生存個体の割合が低かったのである。なぜリスたちは短命になったのか？　それはイタチによる捕食と考えられた。ここに初めて概日リズムをもつことが野外で生き延びるうえで適応的であることが直接確かめられたのだと、デコーシー博士は、２０００年に公表した論文に書き記している。彼女らは１９９７年に公表したすこし規模の小さなパイロット的な予備実験でも、異なる種類のリスで同様の実験を行っており、このときの捕食者はノネコだとされている。いまでも彼女たちの行った野外実験以降、概日リズムが生きていくうえで本当に必要なのか、ここまでダイレクトに実験したデータはないのではないかと思う。

概日リズムの適応に関心をもって実験を行ったもう一人の研究者は、ヴァンダービルト大学（米国テネシー州）のカール・H・ジョンソン教授たちのグループであり、研究材料はシアノバクテリアだった。そして彼らもまた名古屋大学の近藤教授（199ページ）とともにkai遺伝子のメカニズムを追いかけた研究者だった。彼らは概日リズムの異なるものどうしを競争させるという方法で、その適応性に迫ろうとした。競争に勝ったものが、その環境においてはより適応しているという論法である。

彼らは、シアノバクテリアを材料として概日リズムの競争実験を行った。シアノバクテリアの一種では、遺伝的に違う体内リズムをもつ株（系統のこと。バクテリアでは株と呼ばれている）の存在が知られている。リズムの異なる株どうしを競争させると、自株の体内時計の周期と似た日長のもとで他株との生存競争により強くなることが、室内実験の結果、明らかにされた。この実験は１９９８年に公表され、２００４年にジョンソン教授らのグループが追試験を行って再確認をしている。

リスとシアノバクテリアによる２つの実験によって、概日リズムをもつことは、捕食やライバルとの競争といった自然選択にさらされる野生の生物世界において適応的である、ということは疑う余地のないものとなったように思える。ただし、もっと広い分類群で、いろいろな種類の自然選択や性選択が作用するなかで、概日リズムの果たす役割については、さらに研究を進める必要がある。

——自然選択との関係——

概日リズムと自然選択について考えるとき、概日リズムをもつかもたないかは自然選択のなかで有利、不利と強く結びついていることがわかった。また概日リズムの遺伝性については、分子レベルでよく理解されていることはおわかりいただけたと思う。

しかし、概日リズムの適応性ということの研究分野には、まだまだ未開の地が広がっている。野外に棲むいろいろな生物を調べると、個体によって明瞭なリズムをもつ個体と、ほとんどリズムをもたない個体がいることがよくある。なぜそんなことが生じるのか？　おそらく世界の誰も答えをもっていない。生物リズムの研究者は、リズムをもつ生物に興味こそあれ、リズムをもたない個体には関心がない。リズムを欠損させた個体には興味をもつのだが。

あるいはなぜ、同じ種類の個体のあいだで概日リズムの長さに大きな変異がみられるのか？　という問いもある。この問いは、ビュニング（191ページ）が期せずしてつきとめた概日リズムの個体によるばらつきがなぜあるのか、という問いそのものである。いわば原点のような問いかけなのだが、この観点から概日リズムを分子のメカニズムまで下りて考えてみると、実はなにもわかっていないのではないかという気がするのだ。

もちろんヒントがないわけではない。概日時計の研究者で、大変陽気なギリシャ系イギリス人のバンボス・キリアコウ教授（英国レスター大学）の研究グループは、野外からショウジョウバエを採集してきて時計遺伝子の配列を調べている。彼の報告によれば、緯度の高低にしたがって規則的に変化する傾向がみられ、専門用語ではクラインと呼ばれる、傾斜的で地理的な変異なのだが、これは気温に対する概日時計の適応ではないかと考えられている。

進化生物学の視点で、概日リズムを支配する分子時計のメカニズムを理解しようとすることは、生物が体内にもつメカニズムと進化的な長いタイムスケールで作用してきた自然選択の歴史との関係をひもとくのに、もしかしたらもっとも近い研究テーマなのではないかと思っていたりする。

――時が分断され、そして種ができる？――

最後に、概日時計は生殖隔離にも影響しているのではないかという研究の紹介をして、本章を閉じたいと思う。第一章で述べたサンザシミバエの例を思い出していただきたい。もともとサンザシという果実を食べて暮らしていたミバエの生息地域に、人類がリンゴの栽培をもち込んだ。リンゴとサンザシは果実の実るタイミングが数週間もずれるため、リンゴで育つミバエとサンザシで育つミバエとの出会いがなくなってしまい、交尾する機会がなくなって、ついには異なる集団に、そして異なる種と認知するレベルにまで分かれてしまったという例だ。

近年、これまで分類学者の判断によって同じ種類だと考えられてきたものに、実は繁殖のタイミングが異なる2つの集団が混在しているという事例がいろいろな生物でみつかりつつある。ぼくたちになじみの深い生き物をあげるとすれば、ひとつはサーモンである。1900年代の初期にニュージーランドに人為的に導入されたキングサーモンは、繁殖のためにに、ラカイア川とワイタキ川という2つの川へ遡上する。その時期、成熟及び繁殖のタイミングが遺伝的に異なる2つの集団がいる。研究者は、2つの河口に遡上してくるサーモンを釣り上げてはDNAや形態の解析を行って、2つの集団が100年未満、世代に直すと30世代という短いあいだに分化してしまったことを明らかにした。小さな虫をピンセットでいじくりまわしている我が身からすれば、毎日の釣りが研究になるのだから、うらやましいようにも思えるのだが、仕事となると案外きついものかもしれない。

同じ巣のなかで繁殖していてひとつの集団だと思われていたものに、異なるシーズンに繁殖を行っている2つの集団が混在していることがミズナギドリという鳥でも明らかにされた。DNA解析の結果、この2つの集団は、世界のあちらこちらの同じ地域で営巣して繁殖しているにも関わらず、まったく遺伝的な交流がないことが明らかにされたのだ。

このように繁殖する季節の違う集団では、体内時計のシステムはどのように異なっているのだろうか。現在、概日時計の分子メカニズムの解析を一段落させた時計遺伝子の分子生物学者が強い興味を示して、先を競って研究をしだしたのが、季節適応と概日時計との関係である。言い換えると、体内にある時計は、どのようにして季節の移り変わりを読んでいるのか、という問いになる。多くの生物は、季節の移り変わりを日の長さの変化で読みとっている。この読みとりに時計遺伝子はどのように関与しているのか、というテーマは時間生物学のホットな研究テーマのひとつになっている。

生物が示す周期現象は、１日の時計である概日リズムと、季節を読む時計だけではない。海辺に棲む生物たちは、汐の満ち引きを測る概潮汐リズムをもっているし、寿命の長い生物では年変動という長周期の概年リズムをもつものもいる。こういった、大きく異なる周期現象が自然選択のもとでどのような体内の仕組みとともに進化してきたのか？　時と生物進化の研究は「生物学のなかのミステリー中のミステリー」ともいわれる種分化の研究とあいまって、まだほんの序章にすぎないと思えるのだ。

あとがき

　この本では進化を考える目線で、生物の起源、性の生態学、老いと死、そして時間の生物学を明らかにするために努力を重ねてきた先人の歴史について時を追って紹介した。社会の形成や、捕食者から逃げる術、寄生者と共生者の利益と損失、群れて暮らすこと、シグナルの発達やら、数えきれないほどのイベントが、進化という仕組みをとおしていまの生物に受け継がれてきた。そのなかで、どうしてこの4つのポイントに絞ってこの本を書いたかと聞かれれば、それは、とにもかくにもぼくが科学というものを志してこれまで走ってきた道のりによると答えざるをえない。

　ウリミバエというハエは、ぼくに多くのことを考える機会を与えてくれた。種分化の問題、性と交尾行動と配偶システムの問題、生物の老いと死の問題、そして体内時計の仕組みと生存のうえでの適応の問題。この4つのトピックスのすべてにミバエというハエが関わっていることは本書で述べたとおりである。あなどるなかれ、たかが一種のハエが、ぼくに進化生物学の目線でものを考える訓練を授けてくれたのだ。

　しかし、この本のテーマは、決して「ウリミバエと私」とか「進化の目線でみたウリミバエ」というものではない。本書は、生物の適応について進化生物学的に考える、を解説した本である。そのための道具のようなものが、ぼくにとってはウリミバエだったのだ。

なにか「ものさしをもつ」ということは大事である。もちろん、科学だけでなく、音楽でも芸術でも仕事でも、その人なりの「ものさし」があると便利である。英語だけではなく数学も大の苦手なぼくではあるが、ウリミバエはぼくにとって、アメリカの物理学者リチャード・ファインマン博士の回顧録『ご冗談でしょう、ファインマンさん』（岩波書店、1986年）に出てくる「毛色の違った道具」のようなものかもしれない。

農業研究という現場に身をおきながら、進化生物学について考えるゆとりをぼくに授けてくれたウリミバエに、いま一度感謝したい。現代社会には、情報が溢れている。断片としてぼくらのまわりに落ちている情報は、歴史的な流れのなかでつながってこそ、「暗記する」ではなく「理解する」になる。まわりの人にはいかにも無駄なことをやっているように思われる研究でも、その研究の歴史的な位置づけ、進化の目でみたスタンス、先人が研究してきた歴史と照らし合わせて、自分の「ものさし」にすることができたなら、それはきっと、いつか、科学者以外の人々にとっても無駄にはならないだろうとぼくは断言して、筆をおくとしよう。

最後に、この本の第四章を精査していただいた松本顕さんと、ライオンの繁殖についてご教示いただいた的場知之さんにお礼申し上げます。

２０１４年10月26日

主な参考文献

第一章　生と種の起源を探る

・エイドリアン・デズモンド、ジェイムズ・ムーア、渡辺政隆訳『ダーウィン：世界を変えたナチュラリストの生涯』工作舎 1999
・日本進化学会編『進化学事典』共立出版 2012
・カール・ジンマー、長谷川眞理子訳『進化：生命のたどる道』岩波書店 2012
・トミー・イーセスコーグ、上倉あゆ子訳『カール・フォン・リンネ』東海大学出版会 2011
・Morris S, Wilson L（1998）Down House: The Home of Charles Darwin, English Heritage
・C.ダーウィン、堀伸夫訳『種の起源』上下巻、槇書店 1959
・ジャネット・ブラウン、長谷川眞理子訳『ダーウィンの『種の起源』』ポプラ社 2007
・粕谷英一『行動生態学入門』東海大学出版会 1990
・Maynard Smith J（1989）Evolutionary Genetics, Oxford Univ. Press
・木村資生『生物進化を考える』岩波新書 1988
・ジョナサン・ワイナー、樋口広芳・黒沢令子訳『フィンチの嘴：ガラパゴスで起きている種の変貌』早川書房 1995
・Bush GL（1969）Evolution 23, 237-251
・Forbes AA et al.（2009）Science 323, 776-779
・キャロル・キサク・ヨーン、三中信宏・野中香方子訳『自然を名づける：なぜ生物分類では直感と科学が衝突するのか』エヌティティ出版 2013
・Coyne JA, Orr HA（2004）Speciation. Sinauer Associates, Inc.
・ダグラス・J・フツイマ、岸由二訳『進化生物学』蒼樹書房 1986

第二章　性に魅せられて

・Maynard Smith J（1976）The evolution of sex. Cambridge Univ. Press.
・Miyatake T, Chapman T, Partridge L（1999）J. Insect Physiol. 45: 1021-1028
・チャールズ・ダーウィン、長谷川眞理子訳『人間の進化と性淘汰Ⅱ』文一総合出版 2000
・オリヴィア・ジャドソン、渡辺政隆訳『ドクター・タチアナの男と女の生物学講座』光文社 2004
・長谷川眞理子『クジャクの雄はなぜ美しい？』紀伊国屋書店 2005

・Takahashi et al.（2008）Anim. Behav. 75, 1209-1219
・Dakin R, Montgomerie R（2011） Anim. Behav. 82, 21-28
・宮竹貴久『恋するオスが進化する』メディアファクトリー新書 2011
・ティム・バークヘッド、小田亮・松本晶子訳『乱交の生物学：精子競争と性的葛藤の進化史』新思索社 2003
・Packer C（2010）Curr. Biol. 20, R590
・West P, Packer C（2002）Science 297, 1339-1343
・Haas et al.（2005）Mammal. Species 762, 1-11
・本郷儀人『カブトムシとクワガタの最新科学』メディアファクトリー新書 2012
・Eberhard W（1996）Female Control: Sexual Selection by Cryptic Female Choice, Princeton Univ. Press.
・Arngvist G, Rowe L（2005）Sexual Conflict: Monographs in Behavior and Ecology, Princeton Univ. Press.
・Simmons L（2001）Sperm Competition and Its Evolutionary Consequences in the Insects, Princeton Univ. Press.
・Harano T et al.（2010）Curr. Biol. 20, 2036-2039
・日高敏隆『エソロジーはどういう学問か』思索社 1976
・宮竹貴久「愛は戦いである：メスとオスの性的対立」『科学』84, 745-749　岩波書店 2014
・Davies NB, Krebs JR, West SA（2012）An Introduction to Behavioural Ecology, Wiley-Blackwell.
・Alcock J（2013）Animal Behavior: An Evolutionary Approach, Sinauer Associates Inc.
・Arbuthnott D et al.（2014）Ecol. Lett., 17, 221-228
・Zuk M（2014）Annu. Rev. Entomol. 59, 321-338

第三章　寿命の先送りに挑む

・Chapman T, Miyatake T, Smith H, Partridge L（1998）Proc. R. Soc. B, 265:1879-1894
・Miyatake T（1997）Heredity 78, 324-335
・Partridge L, Fowler K（1992）Evolution 46, 76-91
・ロバート・E・リックレフズ、キャレブ・E・フィンチ、長野敬・平田肇訳『老化：加齢メカニズムの生物学』日経サイエンス社 1996
・Finch CE（1990）Longevity, senescence, and the genome. Chicago Univ. Press.
・マイケル・R・ローズ、熊井ひろ美訳『老化の進化論：小さなメトセラが寿命観

を変える』みすず書房 2012
・Rose MR（1984）Evolution 38, 1004-1010
・Rose MR et al.（1992）Exp. Gerontology 127, 241-250
・Luckinbill LS et al.（1984）Evolution 38, 996-1003
・小山重郎『530億匹の闘い：ウリミバエ根絶の歴史』築地書館 1994
・Koyama J, Kakinohana H, Miyatake T（2004）Annu. Rev. Entomol. 49, 331-349
・伊藤嘉昭編『不妊虫放飼法：侵入害虫根絶の技術』海游舎 2008
・Dyck VA et al.（2005）Sterile Insect Technique: Principles and Practice in Area-Wide Integrated Pest Management, Springer.
・Miyatake T（1998）Res. Popul. Ecol. 40, 301-310
・石井直明・丸山直記『老化の生物学：その分子メカニズムから寿命延長まで』化学同人 2014
・ジョナサン・ワイナー、鍛原多惠子訳『寿命1000年：長命科学の最先端』早川書房 2012
・Pletcher SD et al.（2002）Curr. Biol. 12, 712-723
・Gems D, Partridge L（2013）Annu. Rev. Physiol. 75, 621-644
・Johnson TE（1995）Science 249, 908-912
・Wong A, Boutis P, Hekimi S（1995）Genetics 139, 1247-1259
・Howkes K（2003）Am. J. Human Biol. 15, 380-400
・Kim PS, Coxworth JE, Hawkes K（2012）Proc. R. Soc. B 279, 4880-4884

第四章　体のなかの時計を追いかけて

・ジョナサン・ワイナー、垂水雄二訳『時間・愛・記憶の遺伝子を求めて：生物学者シーモア・ベンザーの軌跡』早川書房 2001
・King DP et al.（1997）Cell 89, 641-653
・Konopka RJ, Benzer S（1971）PNAS 68, 2112-2116
・Tei H et al.（1997）Nature 389, 512-516
・Ikeda M, Nomura M（1997）Biochem. Biophysic. Res. Commun 233, 258-264
・Ishiura M et al.（1998）Science 281, 1519-1523
・Miyatake T, Shimizu T（1999）Evolution 53, 201-208
・海老原史樹文・吉村崇編『時間生物学』化学同人 2012
・田澤仁『マメから生まれた生物時計：エルヴィン・ビュニングの物語』学会出版センター 2009
・富岡憲治・沼田英治・井上愼一『時間生物学の基礎』裳華房 2003

・清水勇・大石正編著『リズム生態学』東海大学出版会 2008
・Miyatake T（2011）Appl. Entomol. Zool. 46, 3-14
・Fuchikawa T et al.（2010）Heredity 104, 387-392
・海老原史樹文・深田吉孝編『生物時計の分子生物学』シュプリンガー・フェアラーク東京 1999
・Matsumoto A et al.（2007）Genes & Development 21, 1687-1700
・Miyatake T et al.（2002）Proc. R. Soc. B 269, 2467-2472
・Kyriacou CP et al.（2008）Trends in Genetics 24, 124-132
・DeCoursey PJ et al.（1997）Physiol. Behav. 62, 1099-1108
・DeCoursey PJ, Walker JK, Smith SA（2000）J. Comp. Physiol. 186, 169-180
・Ouyang Y et al.（1998）PNAS 95, 8660-8664
・Woelfe MA（2004）Curr. Biol. 14, 1481-1486
・宮竹貴久「アロクロニックな生殖隔離と生物の測時機構」『日本生態学会誌』(2006) 56: 10-24

宮竹貴久（みやたけ・たかひさ）
進化生物学者。1962年大阪府生まれ。岡山大学大学院環境生命科学研究科教授。1986年、琉球大学大学院農学研究科修了後、沖縄県職員として10年以上ウリミバエ研究に従事する。1996年、九州大学大学院理学研究院（生物学科）で理学博士を取得。1997年、ロンドン大学（UCL）生物学部客員研究員を経て、現職にいたる。
日本生態学会宮地賞、日本応用動物昆虫学会賞等を受賞。
著書に『恋するオスが進化する』（メディアファクトリー新書）、『「先送り」は生物学的に正しい』（講談社＋α新書）。共著に『昆虫生態学』（朝倉書店）など。

生命《せいめい》の不思議《ふしぎ》に挑《いど》んだ科学者《かがくしゃ》たち

2015年1月5日　1版1刷　印刷　2015年1月15日　1版1刷　発行

著　者　宮竹貴久
発行者　野澤伸平
発行所　株式会社 山川出版社
〒101-0047　東京都千代田区内神田1-13-13
電話　03(3293)8131(営業)　03(3293)1802(編集)
振替　00120-9-43993
企画・編集　山川図書出版株式会社
印　刷　株式会社 太平印刷社
製　本　株式会社 ブロケード

 ISBN978-4-634-15070-6